KB275071

처음 만나는
드론
인문학

처음 만나는 드론 인문학

조장현 지음 노상재 그림

초봄책방

*** 일러두기**

사진 출처는 이 책 맨 뒤 238-239쪽에 따로 정리했습니다.

"드론은 과학·예술·꿈의 결정체입니다"

하늘을 나는 일은 인류가 오랫동안 품어온 꿈이었습니다. 새의 날개를 바라보며 "나도 저 하늘을 날 수 있을까?" 상상하던 그 마음이 오늘날 기술의 힘을 만나 드론이라는 새로운 형태로 현실이 되었습니다.

저 역시 어릴 적부터 하늘을 나는 비행기를 무척 좋아했습니다. 각종 모형 비행기를 직접 만들어 보기도 하였고, 항공기를 전문적으로 다루는 책들을 찢어질 만큼 읽기도 하며 비행기 조종사의 꿈을 키웠습니다.

언젠가 직접 조종간을 잡고 하늘을 날고 싶다는 꿈은 시간이 흘러 드론이라는 또 다른 방식으로 제게 다가왔습니다. 하늘을 향한 그 열망이 저를 기술의 길로 이끌었고, 지금의 드론 연구자이자 개발자로 성장하게 만든 원동력이 되었습니다.

저는 10여 년 넘게 오로지 드론 기술을 연구하며 하늘을 나는 eVTOL(전동수직이착륙기) 드론부터 바다 위를 달리는 수상 드론까지 다양한 분야를 다뤄왔습니다. 그 과정에서 깨달은 것은, 기술은 단순히 편리함을 주는 도구가 아니라 사람의 안전과 생명을 지키고 세상을 더 나은 방향으로 바꾸는 힘이 될 수 있다는 사실이었습니다.

드론은 단순히 하늘을 나는 기계가 아닙니다. 그 안에는 인간의 호기심, 상상력, 그리고 끝없는 도전 정신이 담겨 있습니다. 우리가 드론을 통해 보는 하늘은 단지 풍경이 아니라, 인류가 쌓아온 과학과 예술, 그리고 꿈의 결정체입니다.

이 책《처음 만나는 드론 인문학》은 드론을 처음 접하는 청소년들을 위해 썼습니다. 복잡한 기술 용어나 어려운 이론보다는, 드론을 바라보는 시선의 변화와 생각의 확장에 초점을 맞췄습니다. 하늘을 나는 원리에서부터, 드론이 우리의 삶 속에서 어떤 역할을 하는지, 그리고 앞으로 어떤 미래를 열어갈 수 있을지까지 한 권의 책 속에서 차근차근 따라가며 이해할 수 있도록 구성했습니다.

드론을 배우는 일은 단순히 조종 기술을 익히는 것이 아닙니다. 그 과정은 세상을 관찰하는 방법을 배우는 일, 그리고 자신의 상상을 현실로 만드는 과정이기도 합니다. 드론을 만들고, 날리고, 실패하고, 다시 시도하는 동안 여러분은 창의력과 문제 해결력, 그리고 협동심을 함께 배우게 될 것입니다. 기술은 언제나 사람의 마음에서 시작됩니다.

하늘을 향한 한 사람의 열망이 오늘의 드론을 만들었듯이, 여러분의 상상력 또한 미래의 새로운 기술을 탄생시킬 씨앗이 될 것입니다. 그리고 그 기술이 누군가를 돕고, 세상을 조금 더 따뜻하게 만드는 방향으로 나아간다면, 그것이야말로 진정한 발전의 모습일 것입니다.

이 책이 여러분에게 드론의 원리와 구조를 넘어서, 하늘을 향한 인간의 꿈과 기술의 의미를 함께 느끼게 해주길 바랍니다. 드론을 통해 세상을 보는 여러분의 눈이 조금 더 넓어지고, 깊어지고, 따뜻해지기를 바랍니다.

하늘은 언제나 열려 있습니다. 이제 여러분의 상상력이 그 하늘을 날아오를 차례입니다.

2025년 11월

조장현

차 례

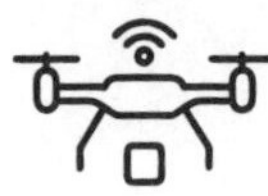

PART 2 — 드론과 인간의 관계

PART 3 드론과 문화, 예술

미래를 향한 드론의 비행

PART

1

드론, 세상을 날다

하늘을 나는 꿈,
드론의 시작

인간이 하늘을 날고자 했던 열망

"하늘을 날 수 있다면 얼마나 좋을까?"

누구나 한 번쯤 해봄 직한 상상이에요. 새처럼 날고 싶은 꿈. 이 꿈은 단순한 상상이 아니라, 인류의 역사 속에서 진지하게 이어져 온 열망이었죠.

그리스 신화 이야기부터 하나 할게요. 혹시 '이카로스와 다이달

[사진 1] 새 깃털을 밀랍으로 이어 붙여 만든 날개로 하늘을 나는 다이달로스와 이카로스.

로스' 이야기 들어본 적 있나요? 미궁을 만든 건축가 다이달로스
가 왕명을 어긴 벌로 아들 이카로스와 함께 미궁에 갇힙니다. 갇힌
채로 살아갈 수는 없다고 생각한 다이달로스는 주변에서 모은 새
깃털을 밀랍으로 이어 붙여 큰 날개를 만들어요. 이 부자(父子)는
이 날개를 달고 하늘로 날아올라 미궁을 빠져나옵니다. 얼마나 기
뻤을까요!

[사진 2] 중국에서는 하늘에 대한 호기심에서 종이와 대나무로 만든 연을 날렸다.

그런데 이카로스는 "너무 높이 날아 태양 가까이 가면 밀랍이 녹아버릴 수 있다"는 아버지의 신신당부를 잊고 점점 더 높이 날아오르고 맙니다. 하늘을 나는 기쁨에 취한 거죠. 결국 태양열에 날개의 밀랍이 녹아 깃털이 흩어져 이카로스는 바다로 추락하게 됩니다.

사실 이런 '하늘을 향한 꿈'은 신화 속 이야기만은 아닙니다. 중

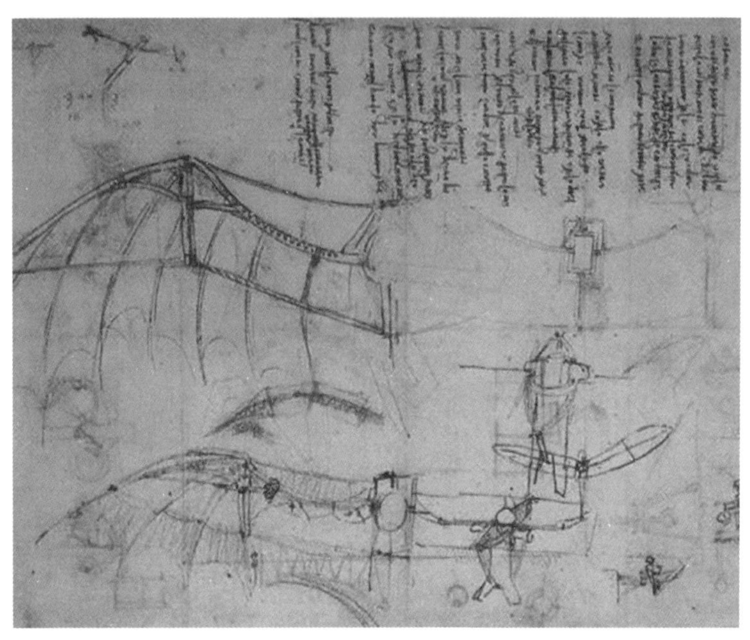

[사진 3] 레오나르도 다빈치가 비행의 원리를 스케치한 고대의 하늘을 나는 기계.

국에서는 오래전부터 종이와 대나무로 만든 '연'을 띄워 하늘에 대한 호기심을 표현했어요. 연은 단순한 장난감이 아니었습니다. "하늘 위에서 세상을 보면 어떤 기분일까?"라는 상상력의 출발점이었습니다.

르네상스 시대를 대표하는 예술가 레오나르도 다빈치는 새의 날갯짓을 연구하면서 직접 날 수 있는 기계를 설계해요. 지금의 헬리콥터와 비슷한 발상도 이 시기에 등장하지요.

그리고 18세기 후반, 몽골피에 형제가 드디어 뜨거운 공기를 이용한 열기구를 띄우면서 인류가 실제로 하늘에 발을 내딛게 됩니다. 1903년에 라이트 형제가 동력 비행기를 만들어 내며 비행 시대가 본격적으로 시작되었지요.

그 후 세상은 빠르게 변합니다. 비행기가 사람과 물자를 실어 나르고, 우주선이 지구 밖으로도 나가죠. 그리고 21세기인 지금, 우리 손안의 작은 비행체 '드론'이 등장합니다.

드론은 처음엔 군사용으로 개발되었지만, 지금은 우리 일상 곳곳에서 활약하고 있어요. 항공 촬영, 농업, 택배, 재난 구조, 심지어 예술 공연까지. 드론은 더 이상 특별한 기술이 아니라, 누구나 쉽게 접할 수 있는 도구가 되었답니다.

이제 드론은 우리에게 단순한 기계가 아닙니다. 하늘을 향한 인간의 오랜 꿈을 가장 가까이에서 경험하게 해주는 **칭**이자, 미래를 향한 **날개**인 거죠.

여러분도 혹시 지금 드론을 배우고 있다면, 그건 그 꿈의 여정에 함께 하는 겁니다. 앞으로 어떤 하늘을 마주하게 될지, 매우 기대되지 않은가요?

군사용으로 처음 개발된 드론

○

드론은 언제 어디서 어떻게 시작됐을까요? 드론의 기원은 아마도 제1차 세계대전 시기까지 거슬러 올라갑니다. 그때 사람들이 이런 생각을 하였어요.

"사람이 타지 않고, 멀리서 조종할 수 있는 비행기를 만들 수 없을까?"

그 결과 무선 조종 항공기 같은 실험이 시작됐어요. 그리고 1917년, 미국에서 **케터링 버그(Kettering Bug)**'라는 무인 항공기를 개발합니다.

이름은 조금 낯설지만, 기능은 꽤 놀라웠어요. 이 비행체는 조종사가 타지 않아도 스스로 하늘을 날아서 목표 지점에 도착하면 자동으로 폭발하도록 만들어졌습니다. 일종의 '비행 폭탄'이었던 셈이죠.

당시에는 지금처럼 GPS나 인공지능이 없어서 무선 조종이 아니라 '기계식 타이머'와 '자이로스코프(회전자)'를 이용해서 비행경

[사진 4] 최초의 군사용 드론 '케터링 버그(Kettering Bug)'.

로를 제어했어요. 지금 보면 아주 단순한 방식이지만, 당시로서는 획기적인 기술이었습니다.

이런 초기 기술들이 훗날 드론이 발전하는 데 아주 중요한 밑바탕이 되었답니다.

지금 우리가 드론으로 사진을 찍고, 농약을 뿌리고, 구조 활동을 하는 데까지 올 수 있었던 건, 바로 이렇게 군사와 과학 실험에서 시작된 꾸준한 연구 덕분이지요.

시간이 조금 더 흘러 제2차 세계대전과 냉전 시기를 지나면서

[사진 5] 무선 조종 비행기 '퀸 비(Queen Bee)'.

드론은 점점 더 정교해지고 다양한 용도로 발전합니다. 단순히 날아다니는 기계를 넘어서, 훈련과 정찰 등 실제 작전에 활용할 수 있는 기술로 자라난 것이죠.

1930년대에는 영국에서 아주 흥미로운 무인 항공기가 하나 등장합니다. 이름도 재미있어요. 바로 '퀸 비(Queen Bee)'. 이건 무선 조종으로 조종할 수 있는 비행기였고, 군사 훈련용 표적으로 사용되었습니다.

조종사가 타지 않고 멀리서 조종할 수 있어서 위험한 훈련 상황에서도 사람의 목숨을 지킬 수 있었고요, 실제 전투에 가까운 상황을 만들며 훈련하여서 그 효과는 훨씬 더 높일 수 있었지요. 당시로서는 정말 혁신적인 장치였습니다.

그리고 흥미로운 사실 하나. '퀸 비'라는 기체 이름에서 '드론(drone)'이라는 단어가 나왔다는 이야기도 있어요. '퀸 비'는 말 그대로 '여왕벌'이잖아요. 그런데 벌집 안은 여왕벌을 중심으로 일하는 수벌들이 있죠. 이 수벌을 '드론'이라고 불러요. 이런 점에서, 사람이 직접 조종하지 않고 일만 하는 비행기라는 의미로 '드론'이라는 말이 붙게 된 거예요.

이처럼 드론은 전쟁이라는 극한의 환경 속에서 사람을 대신해 임무를 수행하고, 생명을 보호하는 기술로 자리를 잡아갔습니다. 그 기술들이 훗날, 민간에서도 안전하고 유용하게 쓰일 수 있는 기반이 되었고요.

냉전 시기로 접어들면서 드론은 더욱 빠르게 발전합니다. 특히 이 시기에는 정보 수집과 정찰을 위한 목적으로 드론이 활발히 개발되었어요. 전쟁을 벌이기보다 상대의 정보를 먼저 파악하려는 시대였던 만큼, 조용히 하늘을 날아가 몰래 관찰하는 무인 항공기는 정말 유용했던 거죠.

미국은 베트남 전쟁 당시 드론을 실제 작전에 투입하기 시작했습니다. 사람 대신 무인 정찰기를 보내서 적진 깊숙한 곳까지 들어

[사진 6] 고공에서 비행하며 정찰 임무를 수행하는 '라이언 파이어비(Ryan Firebee)'라는 드론.

가 정보를 수집한 거예요. 가령, **라이언 파이어비**(Ryan Firebee)'라는 드론이 있었어요. 이 기체는 고공에서 비행하면서 정찰 임무를 수행했습니다. 조종사가 직접 타고 가지 않아도 되니까 위험을 줄일 수 있었고, 사람이 접근하기 어려운 지역까지 탐색할 수 있었지요.

이런 드론들은 그 당시로서는 꽤 첨단 기술의 결정체였습니다. 하지만 한편으로는, 여전히 용도가 군사 분야에 한정되어 있었어요. 주로 적의 움직임을 정찰하거나, 전투 훈련 시 표적 연습에 사용되거나, 상황에 따라서 폭탄을 싣고 공격 임무까지 수행했습니다.

하지만 이런 초기 드론들은 일반 사람들이 다룰 수 있는 장비
는 아니었어요. 가격도 비쌌고, 조작도 복잡했고, 무엇보다 기술적
인 제약이 많았기 때문이지요.

그럼에도 이 시기의 드론들은 오늘날 드론 기술의 출발점이자
기초가 되었습니다. 하늘을 나는 무인 기계를 만들겠다는 꿈은 군
사적 필요를 통해 조금씩 현실로 다가왔고, 과학기술의 발전이 더
해지면서 드론은 점점 더 다양한 분야로 확장되는 가능성을 갖게
된 거죠.

결국 드론의 역사는 상상에서 시작해 실험과 도전을 거쳐, 지
금 우리가 보고 있는 현실 속 드론으로 이어진 길이라고 할 수 있
어요. 처음엔 아주 멀고 특별한 기술처럼 느껴졌던 드론이, 이제는
누구나 날리고 조종할 수 있는 시대가 된 거죠.

드론과 인간의 상상력

인간의 날고 싶은 오랜 꿈을 현실로 한 걸음 더 가깝게 만들어
준 게 바로 **'드론'**이죠. 그런데 드론은 단순히 기술의 산물만은 아

니에요. 인간의 상상력과 기술이 만나서 만들어 낸 결과물이에요. 드론이 발전해 나가는 과정에서 상상력은 큰 역할을 했어요.

"사람이 가지 않아도 기계를 통해 먼 곳을 살필 수 있다면?"
"하늘 위에서 정보를 수집하거나, 지상에서는 볼 수 없는 것을 알아낼 수 있다면?"

이런 생각들이 발명가와 과학자들에게 강한 영감을 주었고, 실제로 무선으로 조종하는 비행체가 하나둘 현실로 등장하게 된 거예요.

특히 제2차 세계대전 이후 기술이 빠르게 발전하면서, 사람들은 드론을 단순한 무기나 정찰 장비가 아니라, 더 다양한 용도에 활용할 가능성이 있는 것으로 바라보기 시작했습니다.

"이걸로 구조 활동을 할 수도 있지 않을까?"
"사람이 가기 어려운 우주나 바닷속을 탐험하는 데도 쓰일 수 있지 않을까?"

이런 생각들이 조금씩 현실이 되어 갔지요. 문학과 예술에서도 드론은 자주 등장합니다. 공상과학 소설 속에서 드론은 종종 미래 사회의 중요한 도구로 그려지곤 해요. 사람이 살기 어려운 지역을 탐사하고, 하늘 위에서 정보를 수집하며, 심지어 사람 대신 통신이나 수송을 담당하는 장면들도 나오지요.

이런 이야기들은 그냥 허구로 끝나는 게 아니었습니다. 작가들이 그려낸 장면과 아이디어는 과학자들에게도 새로운 상상력을 불러일으켰고, 실제 기술 개발에 영향을 주기도 했습니다. "이걸 정말 만들어 볼 수 있지 않을까?" 하는 호기심이 기술로 이어진 거죠.

결국 드론은 상상력과 기술이 서로를 자극하면서 함께 발전해 온 이야기입니다.

우리가 지금 손에 쥐고 있는 이 작은 비행체는, 그저 기계가 아니라 오랜 상상의 흔적이자, 앞으로의 미래를 여는 열쇠가 될 수도 있는 거예요.

드론은 이제 단순한 기계를 넘어서, 예술이 세계에서도 빛을 발하고 있습니다. 사람의 손이 닿지 않는 하늘을 무대로 삼아, 드론은 우리에게 전에 없던 새로운 표현 방식을 보여주고 있지요.

가령, 밤하늘을 수백 대의 드론이 동시에 날아다니며 빛과 움직임으로 만들어 내는 드론 쇼, 한 번쯤 본 적 있으신가요? 그 모습은 마치 하늘에 그림을 그리는 것처럼 보이기도 하고, 음악과 함께 춤추는 듯한 느낌을 주기도 해요. 정밀한 조종과 기술이 없다면 불가능한 공연이지만, 그 안에는 또렷한 예술적 감각이 담겨 있습

[사진 7] 수백 대의 드론이 밤하늘을 아름답게 수놓는 장면.

니다.

또한 카메라를 장착한 드론을 활용해서, 우리가 직접 보기 어려운 시점에서 사진이나 영상을 찍는 예술가들도 점점 많아지고 있어요.

이처럼 드론은 기술에만 머무르지 않고, 인간의 상상력과 창의력이 더해졌을 때 얼마나 다채로운 결과를 만들어 낼 수 있는지를 잘 보여줍니다.

기계는 날고, 사람은 상상하고, 그 둘이 만나 만들어지는 새로운 예술, 앞으로도 더욱 기대되지 않은가요?

드론의
현재 모습

드론, 어디에, 어떻게 쓰일까

드론 하면 으레 하늘을 날아다니는 날개 네 개 달린 장난감 같은 모습을 떠올리실 텐데요. 하지만 실제로는 그 종류도 다양하고, 쓰임새는 더더욱 많답니다. 어디에, 어떤 모습으로 쓰이느냐에 따라 드론은 아주 다양한 모습과 기능을 갖게 되거든요.

[사진 8] 프로펠러로 작동하는 회전익 즉, 쿼드콥터 형태의 드론.

먼저, 날개 모양에 따라 드론을 나눠볼 수 있어요. 하나는 우리가 익숙하게 알고 있는 **회전익** 드론, 즉 **'쿼드콥터'** 같은 형태입니다. 여러 개의 프로펠러가 돌아가면서 수직으로 뜨고 내릴 수 있어요. 좁은 공간에서 정지 비행도 가능하고, 조종이 비교적 쉬워서 촬영용, 교육용, 농업용으로 널리 사용됩니다.

또 다른 형태는 **고정익** 드론입니다. 이건 일반 비행기처럼 생긴 드론인데요, 앞으로 쭉 날아가는 데 유리하고, 긴 거리도 효율적으로 이동할 수 있어요. 그래서 산불 감시, 국토 조사, 재난 지역 정찰처럼 넓은 지역을 빠르게 둘러봐야 할 때 사용되지요.

[사진 9] 비행기 형태의 고정익 항공촬영용 드론.

[사진 10] 회전익과 고정익의 혼합형 드론.

최근에는 이 둘을 결합한 **혼합형** 드론도 등장하고 있습니다. 수직으로 이착륙하고, 이후엔 고정익처럼 빠르게 비행하는 방식인데, 효율성과 기동성을 동시에 갖춘 드론으로 주목받고 있어요.

이번에는 용도에 따라 살펴볼까요? **촬영용** 드론은 가장 많이 보이는 형태일 거예요. 하늘에서 멋진 풍경을 찍거나, 영화나 방송에서 항공 촬영을 할 때 쓰이죠.

농업용 드론은 논밭 위를 날아다니며 농약을 뿌리고, 작물 상태를 점검합니다. 사람이 하기엔 힘들고 넓은 작업을 훨씬 빠르고 정밀하게 해낼 수 있어요.

물류용 드론은 택배나 물건을 실어 나르는 데 사용돼요. 아직은 시험 단계이지만, 도서 산간 지역이나 긴급 상황에서 빠른 배송 수단으로 주목받고 있습니다.

이외에도 **재난 구조, 측량, 시설 점검, 통신망 복구** 등 아주 다양한 분야에서 드론이 활용되고 있어요. 심지어 **군사 작전, 해양 탐사, 기상 관측** 같은 특수한 임무도 수행하지요.

이렇게 보면 드론은 단지 '날아다니는 기계'가 아니라, 사람이 직접 하기 어려운 일들을 대신해 주는 똑똑한 도우미라고 할 수 있어요.

그리고 기술이 계속 발전하면서, 앞으로는 지금보다 더 다양한 모습의 드론이 등장하고, 더 넓은 분야에서 활약하게 될 거예요.

우리가 상상하는 거의 모든 데에 드론이 함께할 날이 머지않았다는 뜻이지요.

일상에서 만나는 드론

이제 드론은 우리 일상에서도 쉽게 만날 수 있는 기술이 되었습니다. 예전엔 특별한 곳에서만 볼 수 있었던 드론이지만, 지금은 다양한 분야에서 활약하면서 우리의 생활을 더 편리하고 풍요롭게 만들어 주고 있지요. 드론이 일상에서 이렇게 활용되고 있는지 몇 가지 대표적인 사례들을 함께 살펴볼까요?

먼저 촬영과 미디어 분야에서 드론 활용을 살펴보죠. 기존의 촬영 장비로는 도달하기 어려운 높은 하늘이나 넓은 지역을 드론은 가볍게 날아다니며 촬영할 수 있어요. 영화나 방송, 광고 제작에서 드론을 활용한 장면은 점점 더 많아지고 있어요. 이젠 필수가 됐죠.

가령, 새들의 서식지나 동물들의 이동 경로를 방해 없이 드론으

[사진 11] 드론으로 촬영한 멋진 풍경.

로 촬영한 자연 다큐멘터리를 담아내면, 그 풍경이 훨씬 더 생동감 있죠. 드론을 통해 찍은 영상은 직접 가보지 않아도, 마치 그곳에 가본 거처럼 새로운 시각적인 경험을 하게 해주죠.

이처럼 드론은 미디어 산업에 새로운 가능성과 혁신을 불어넣

[사진 12] 드론을 경주용으로 개조해서 정해진 트랙을 따라 날리며 순위를 겨루는 레이싱.

는 중요한 기술로 자리 잡고 있습니다. 카메라와 하늘을 나는 기술이 만나 우리가 보는 세상의 풍경을 완전히 비꿔놓고 있는 거에요.

또한 드론은 취미나 여가 활동에서도 점점 더 인기를 끌고 있어요. 요즘은 많은 사람이 드론을 직접 조종해 보며 하늘을 나는 즐거움을 경험하고 있지요. 특히 드론 레이싱은 빠르게 성장하고 있는 새로운 취미 문화입니다. 드론을 경주용으로 개조해서 정해진 트랙을 따라 빠르게 날리며 순위를 겨루는 건데요. 그중에서도 **FPV 드론 레이싱**은 조금 더 특별해요.

FPV란 'First Person View', 즉 드론에 달린 카메라로 촬영한 영상을 실시간으로 보며 조종하는 방식이에요. 마치 자신이 직접 하늘을 날고 있는 듯한 몰입감이 있어서, 특히 청소년들 사이에서 큰 인기를 끌고 있지요.

드론 조종 대회나 레이싱 이벤트가 활발히 열리면서 드론을 날리는 걸 넘어서 새로운 형태의 스포츠 문화로 자리 잡아가고 있어요.

요즘은 배달 서비스에서도 드론의 활약이 점점 커지고 있어요. 도심에서 드론이 음식을 배달하거나, 멀리 떨어진 시골이나 섬 지역으로는 의약품이나 생필품을 신속하게 전달하는 데 활용되고 있습니다.

특히 응급 상황에서는 드론 배달이 정말 유용한 해결책이 되기도 해요. 가령, 산골 마을에서 응급 약품이 필요한 환자가 있거나 홍수나 지진 같은 재난 현장에 구조 물품을 빨리 전달해야 할 때, 드론이 빠르게 날아가서 사람 대신 물자를 전달해 주는 거예요.

이처럼 드론은 새로운 **물류 수단**으로 주목받고 있습니다. 빠르고, 안전하고, 효율적인 방식으로 물류 서비스에 혁신을 일으키고 있는 셈이지요.

요즘은 농업 분야에서도 드론이 일상적인 도구가 되고 있어요. 이제는 논밭에서 일하는 모습뿐만 아니라, 하늘을 나는 드론이 작물을 관리하는 장면도 흔히 볼 수 있게 되었지요.

드론은 농사를 어떻게 도와줄까요? 먼저, 하늘에서 내려다보며

[사진 13] 응급 상황에서 의약품을 배달하는 드론.

작물의 상태를 모니터링합니다. 어느 구역의 작물이 잘 자라고 있는지, 어디에 병해충이 생겼는지, 눈으로 일일이 살펴보지 않아도 드론 카메라로 빠르게 확인할 수 있어요.

또한 농약이나 비료를 정밀하게 뿌릴 수 있는 기능도 갖추고 있습니다. 사람이 직접 해야 했던 힘든 작업을 드론이 대신 해주니까 훨씬 편하고, 필요한 곳에만 골라서 뿌릴 수 있어 비용도 아끼고 환경에도 부담이 적지요.

특히 넓은 농지를 관리해야 하는 경우, 드론은 정말 큰 도움이 됩니다. 가령, 특정 작물의 성장 상태를 드론으로 실시간 확인하고, 이상이 생기면 즉시 필요한 조치를 할 수 있어서 작업 효율은 물론, 농업 생산성까지 크게 높일 수 있는 거예요.

[사진 14] 드론은 스마트 농업의 유용한 파트너로 활용되고 있다.

이처럼 드론은 이제 농촌에서도 없어서는 안 될 스마트 농업 파트너가 되어 가고 있습니다.

기술이 농사에 더해지면, 땅 위에서의 수고는 줄이고 하늘 위에서 더 넓게, 더 똑똑하게 관리할 수 있는 새로운 시대가 열리는 것이지요.

화재, 지진, 홍수 같은 재난이 발생했을 때, 드론은 그 누구보다 빠르게 하늘로 날아올라 현장 상황을 파악하고 구조 활동을 지원하지요. 가령, 불길이 번지는 화재 현장에서는 연기 때문에 사람이

[사진 15] 재난 현장에서의 드론의 활약은 눈부시다.

쉽게 접근하지 못하는 경우가 많아요. 이럴 때 드론이 높은 곳에서 연기 속을 뚫고 들어가 화재의 범위와 방향을 빠르게 파악할 수 있어요.

또 지진이나 홍수 같은 자연재해가 발생했을 때도 드론은 중요한 역할을 합니다. 고립된 지역을 날아다니며 구조 신호를 탐지하거나, 생존자를 발견하는 데 도움을 줄 수 있거든요.

무엇보다 중요한 건, 드론이 이제는 전문가들만 쓰는 기술이 아니라는 점이에요. 기술이 점점 쉬워지고, 가격도 낮아지면서 일반 사람들도 다양한 목적에 따라 드론을 활용할 수 있는 시대가 되었지요.

앞으로 드론 기술은 더 발전할 거예요. 그리고 그만큼 더 많은 사람이 드론을 다양한 방식으로 활용하며, 새로운 가능성과 미래를 함께 만들어 가게 될 거예요.

우리 삶 속 드론의 모양

우리 일상에서 드론은 다양한 모습으로 자리 잡고 있어요. 그 모양은 어디에서, 어떤 일을 하느냐에 따라 조금씩 다르게 발전해 왔지요.

이제 드론은 단순히 하늘을 나는 장치가 아니라, 우리 생활 곳곳에서 다양한 역할을 하는 기술 파트너가 되었습니다.

가장 먼저 떠오르는 건 **취미용 드론**일 거예요. 이건 일반 사람들이 가장 쉽게 접할 수 있는 형태로, 작고 가벼운 구조로 설계되어 있어서 아이부터 어른까지 누구나 사용할 수 있지요.

대부분 네 개의 프로펠러가 달린 쿼드콥터 형태인 데다 조작도

[사진 16] 취미용 드론의 대표적인 모습.

간단하고 비행 안정 장치가 탑재돼 있어 초보자도 안전하게 즐길 수 있어요.

요즘은 가족 단위로 드론을 날리러 공원에 나가거나, 친구들끼리 모여서 드론 레이싱대회에 참가하는 모습도 자주 볼 수 있어요.

특히 카메라가 달린 드론으로 하늘에서 찍는 나만의 영상을 만드는 분들도 많아졌어요. 풍경을 찍고, 여행지를 기록하고, 나만의 콘텐츠를 만드는 개인 창작 도구로도 드론은 점점 더 사랑받고 있답니다.

이렇게 취미용 드론은 우리 생활 속에 자연스럽게 스며들면서,

[사진 17] 취미용보다 더 전문적인 상업용 드론의 모습.

재미와 창의력을 동시에 느낄 수 있는 새로운 놀이이자 표현 수단으로 자리 잡고 있어요.

상업용 드론은 취미용 드론보다 더 전문적이고 기능 중심으로 설계된 경우가 많아요. 사람이 즐기기 위한 도구가 아니라, 정확하고 중요한 임무를 수행하는 기계이기 때문이지요.

가령, **촬영용 드론**을 한번 볼까요? 이 드론은 영화나 다큐멘터리를 찍을 때 사용되는데, 흔들림 없는 영상을 찍기 위해 고해상도 카메라와 안정화 장치(짐벌)가 장착되어 있어요. 기체도 크고 단단하게 만들어져 있어서, 바람이 불거나 충격이 있어도 흔들리지 않고 안정적인 비행이 가능하지요.

또 **농업용 드론**은 생김새부터 다릅니다. 큰 프로펠러와 넓은 날개, 그리고 넉넉한 약제 탱크를 가지고 있어서, 넓은 논밭 위를 한번에 날아다니며 비료나 농약을 뿌리거나 작물 상태를 모니터링할 수 있어요. 사람이 일일이 다니며 작업하던 걸 드론이 훨씬 더 빠르고 정밀하게 해낼 수 있게 된 거죠.

[사진 18] 산업 현장에서 사용하는 특별한 드론의 모습.

이처럼 상업용 드론은 어떤 일을 하느냐에 따라 모양과 기능이 확연히 달라져요. 비행의 목적이 뚜렷한 만큼, 그에 맞춰 효율적이고 실용적인 설계가 이루어지는 거예요.

산업 현장에서 쓰이는 드론은 조금 특별합니다. 단순히 날기만 하는 게 아니라, 무거운 장비를 실어 나르거나, 위험한 구조물을 대신 점검해야 하니까요.

그래서 이런 드론들은 보통 내구성이 뛰어나고, 무거운 물건도 잘 견딜 수 있도록 튼튼하게 만들어져 있어요.

또 한 가지 중요한 분야는 **구조물 점검용 드론**이에요. 이 드론은 좁은 틈이나 복잡한 공간에도 들어갈 수 있도록 작고 콤팩트하게 만들어져 있어요. 게다가 고화질 카메라, 열화상 센서 같은 장비도 달려 있어서, 사람이 접근하기 어려운 곳도 안전하게 점검할 수 있답니다. 높은 다리 아래, 발전소 안쪽, 건물 외벽 같은 위험한 곳도 드론이 대신 살펴봐 주니까, 작업자의 안전을 지키는 데도 큰 역할을 하고 있어요.

이처럼 산업용 드론은 **튼튼함, 정밀함, 기능성**을 모두 갖춘 말 그대로 **'현장 전문가'** 역할을 톡톡히 해내고 있는 거죠.

응급 구조용 드론은 재난이 발생했을 때 사람의 생명을 구하는 데 큰 역할을 합니다. 화재, 지진, 산악 사고처럼 위험하고 접근이 어려운 상황에서, 드론은 빠르게 하늘로 떠올라 현장을 살피고 구조를 지원하죠.

가령, 수색 구조용 드론은 열 감지 카메라와 강력한 조명을 갖추고 있어요. 어두운 밤이나 숲처럼 복잡한 지형에서도 사람의 체온을 감지해 생존자를 찾아낼 수 있습니다. 사람이 직접 수색하기 어려운 곳에 드론이 먼저 들어가 신속하고 안전하게 정보를 확보하는 거예요.

또한, 의약품이나 긴급 구호 물자를 실어 나르는 드론도 있어요.

이런 드론은 비바람을 견딜 수 있도록 방수 기능을 강화하고, 기체의 안정성도 높여서 거친 날씨 속에서도 정확하게 목적지에 도착할 수 있게 설계되어 있답니다.

이처럼 응급 구조용 드론은 단순한 비행 장치를 넘어서, 현장에 꼭 필요한 기능을 갖춘 특수 장비로서, 재난 구조의 든든한 파트너가 되어 가고 있습니다.

예술과 공연에 사용되는 드론 조금 다른 매력을 가지고 있어요. 무언가를 나르거나 점검하는 용도가 아니라, 하늘 위에서 아름다운 장면을 연출하는 게 주된 임무니까요. 이런 드론들은 보통 가볍고 날렵한 디자인으로 만들어집니다.

왜냐하면, 동시에 수백 대, 때로는 수천 대가 함께 날아다니며 빛과 음악에 맞춰 공중에서 다양한 형상을 만들기 때문이에요. 밤하늘을 배경으로 펼쳐지는 드론 쇼는 마치 하늘에 그림을 그리는

[사진 19] 동시에 수백, 수천 대가 움직이며 다양한 영상을 연출하는 예술 드론.

듯한 느낌을 줘서, 보는 사람들의 감탄을 자아내곤 하죠.

그리고 혹시라도 비행 중에 드론끼리 부딪치는 일이 생길 수 있어서 이런 공연용 드론은 대부분 경량 소재로 만들어져 있어요. 혹시 충돌이 발생하더라도 사람이나 주변에 큰 피해를 주지 않도록 안전하게 설계되어 있답니다.

요즘은 드론도 점점 더 스마트해지고 있어요. 인공지능(AI) 기술이 더해지면서, 이제는 드론이 스스로 길을 찾고, 장애물을 피하며 자율적으로 비행할 수 있게 된 거죠.

[사진 20] 똑똑한 인공지능(AI) 드론.

이런 스마트 드론은 특히 물류 배송 분야에서 많이 사용됩니다. 가령, 박스를 정확한 위치에 놓기 위해 집게나 고리 모양의 장치가 달린 경우도 많아요. 그냥 날기만 하는 게 아니라, 짐을 집고 옮기고 내려놓는 일까지 스스로 해내는 거예요.

또 재미있는 건, 이 드론들이 여러 대가 함께 움직이기도 한다는 것이에요. '군집 비행'이라고 부르는데요, 마치 하나의 시스템처럼 서로 협력해서 넓은 지역을 동시에 비행하거나, 큰 물체를 함께 운반하는 일도 가능해졌습니다. 이처럼 드론은 이제 단순한 비행 기계를 넘어서, 사람의 필요와 환경에 맞춰 다양하게 진화하는 중이에요.

모양도 기능도 점점 더 세분화하고, 기술이 발전할수록 더 똑똑하고 유연한 모습으로 변해가고 있지요. 앞으로도 드론은 새로운 기술과 아이디어를 만나며 우리가 상상하지 못했던 모습으로 계속 진화해 나갈 거예요.

드론을
움직이는 기술

드론의 기본 원리

드론이 하늘을 나는 모습, 정말 신기하죠? 가볍게 붕 뜨더니 이리저리 방향을 바꾸고, 멈췄다가 다시 날아가기도 하고요. 이런 비행이 가능한 건 여러 가지 힘과 기술이 함께 작용하고 있기 때문이에요.

드론의 형태와 종류에 따라 다르지만 하늘을 나는 기본 원리는 크게 네 가지 힘의 균형으로 설명할 수 있어요. 바로 **양력**(Lift), **추력**(Thrust), **중력**(Gravity), **항력**(Drag)이에요.

고정익 드론의 힘의 균형

○

• 양력 – 날개가 만들어 내는 위로 뜨는 힘

고정익 드론, 즉 비행기는 날개라는 특별한 구조를 가지고 있어요. 비행기가 앞으로 달리면, 날개 위와 아래를 따라 공기가 지나

[사진 21] 하늘로 나는 힘.

가게 되어요. 위쪽은 더 멀리 돌아가고 아래쪽은 더 짧게 지나가면서 속도 차이가 생기지요. 공기의 속도가 빨라질수록 압력이 낮아지고, 느려질수록 압력이 높아집니다. 이 차이 때문에 날개 위쪽은 압력이 낮아지고, 아래쪽은 압력이 높아져서 날개가 위로 떠오르는 힘, 즉 양력이 만들어집니다.

양력은 비행기를 공중에 띄우는 가장 중요한 힘이에요. 만약 양력이 중력보다 작으면 비행기는 땅에 붙어 있고, 양력이 중력보다 커지면 비행기가 하늘로 떠오릅니다. 그래서 비행기가 이륙할 때는 활주로에서 빠른 속도로 달리며 충분한 양력을 만들어야 해요. 양력의 크기는 비행 속도, 날개의 크기와 모양, 그리고 날개의 각도에 따라 달라지기 때문에, 조종사는 이것들을 조절하면서 원하는 고도를 유지하지요.

결국, 고정익 드론의 양력은 "날개가 만들어 내는 하늘로 향하는 마법 같은 힘"이라고 할 수 있어요.

• 추력 - 앞으로 나아가게 하는 힘

비행기는 엔진 또는 모터라는 강력한 심장을 가지고 있어요. 이 추진체는 프로펠러를 돌리거나, 제트 엔진처럼 뜨거운 기체를 뒤로 뿜어내면서 앞으로 나아가는 힘을 만듭니다. 이것이 바로 추력이에요.

[사진 22] 앞으로 나아가는 힘.

추력은 단순히 앞으로만 밀어주는 힘 같지만, 사실은 양력과 깊은 관계가 있어요. 비행기가 날개로 양력을 만들려면, 반드시 공기를 충분히 빠르게 가르며 나아가야 하지요. 즉, 추력이 있어야 양력도 살아나는 것이에요. 마치 달리기를 멈추면 연이 하늘에서 떨어지는 것처럼, 비행기도 추력이 줄어들면 날개가 공기를 잘 가르지 못하고 양력도 약해집니다.

추력의 크기를 조절하면 비행기의 속도도 달라져요. 강하게 추력을 내면 비행기는 더 빠르게 날고, 추력을 줄이면 속도가 느려지면서 착륙 준비를 하게 되지요. 그래서 추력은 비행기의 속도와 비행 거리를 결정하는 원동력이라고 할 수 있어요.

• 중력 – 땅으로 끌어 내리는 힘

비행기가 하늘을 나는 동안에도, 지구는 끊임없이 비행기를 자기 쪽으로 끌어당기고 있어요. 이 힘이 바로 중력입니다. 중력이 없었다면 비행기는 한 번 뜨면 계속 떠 있을 수 있었겠지만, 현실에서는 중력 덕분에 비행은 시작과 끝을 가지게 되지요.

비행기가 공중에 머무르려면, 날개가 만드는 양력이 중력보다 커야 합니다. 하지만 양력이 줄어들거나, 엔진이 꺼져 추력이 사라지면, 비행기는 중력을 이기지 못하고 서서히 내려오게 됩니다. 이때 조종사는 날개와 엔진을 조절하여 천천히, 부드럽게 땅으로 내려오도록 착륙 과정을 진행합니다.

즉, 비행에서 중력은 언제나 존재하는 시험관 같은 힘이에요. 비

[사진 23] 지구가 당기는 힘.

행기는 늘 이 중력과 싸우면서도, 때로는 중력의 도움을 받아 안전하게 착륙하게 되지요.

• 항력 – 공기와 마찰로 생기는 방해 힘

비행기가 하늘을 가로지르며 나아갈 때, 공기는 가만히 있지 않고 저항해요. 마치 달릴 때 맞바람이 얼굴을 때리는 것처럼, 비행기에도 앞으로 가는 것을 방해하는 힘이 생깁니다. 이것이 바로 항력이에요.

항력은 비행기의 속도가 빠를수록, 그리고 비행기의 모양이 공기와 마찰을 많이 일으킬수록 커져요. 그래서 비행기는 가능한 한 매끈하고 길쭉한 모양으로 설계됩니다. 둥글거나 울퉁불퉁하다면

[사진 24] 공기가 방해하는 힘.

항력이 더 커져서 연료를 많이 쓰고 멀리 날아가지 못하거든요.

항력을 줄이면 연료를 절약할 수 있고, 더 멀리 효율적으로 날 수 있어요. 그래서 항력은 비행기의 경제성과 성능을 결정하는 아주 중요한 요소랍니다.

【정리】 고정익 항공기 비행의 네 가지 힘의 균형

- 날개가 만드는 양력이 비행기를 위로 들어 올리고,
- 엔진이 내는 추력이 앞으로 나아가게 하며,
- 지구의 중력이 언제나 아래로 끌어내리고,
- 공기의 항력이 앞으로 가는 걸 방해함.

회전익 드론의 힘의 균형

비행기처럼 고정된 날개(고정익)를 가진 드론과 달리, 회전익 드론은 회전하는 날개(프로펠러)로 비행해요. 고정익 드론은 빠른 속도로 앞으로 달리며 날개가 양력을 만들어 내는 방식이라면, 회전익 드론은 제자리에서도 프로펠러만 돌려 곧바로 떠오를 수 있지요. 즉, 고정익은 '날개'로, 회전익은 '프로펠러'로 양력을 만드는가의 차이예요.

다만, 중력과 항력은 고정익과 회전익 모두에게 똑같이 작용합니다. 비행기가 하늘을 날든, 드론이 공중에 머물든, 지구는 항상 아래로 끌어내리고 공기는 늘 움직임을 방해하지요. 결국 두 비행체 모두 이 힘들을 이겨내야만 안정적으로 날 수 있다는 점은 같아요.

• 양력 – 프로펠러가 직접 만들어 내는 위로 뜨는 힘

회전익 드론은 프로펠러가 바로 날개의 역할을 합니다. 프로펠러가 빠르게 회전하면서 아래쪽으로 공기를 강하게 밀어내면, 그 반작용으로 드론은 위쪽으로 밀려 올라가요. 이때 생기는 힘이 곧 양력이에요.

멀티콥터 드론의 장점은 이 양력을 아주 정밀하게 조절할 수 있다는 거예요. 프로펠러가 더 빠르게 돌면 양력이 커져 드론이 위로 상승하고, 속도를 줄이면 양력이 약해져 드론이 서서히 내려옵니다. 특히 여러 개의 프로펠러가 동시에 작동하기 때문에, 네 개 이상 프로펠러의 속도를 균형 있게 조절하면 드론은 공중에 가만

[사진 25] 프로펠러가 만들어 내는 하늘을 나는 힘.

히 정지할 수도 있지요.

비행기처럼 활주로가 필요하지 않은 것도 큰 특징이에요. 양력이 프로펠러에서 비로 나오기 때문에, 드론은 제자리에서 바로 뜨고 내릴 수 있는 수직 이착륙 능력을 가지고 있어요. 이 덕분에 드론은 좁은 공간이나 도시 한가운데에서도 쉽게 사용될 수 있습니다.

• 추력 – 방향을 바꾸고 움직이는 힘

드론이 공중에만 가만히 떠 있다면 큰 의미가 없겠죠? 우리가 원하는 대로 앞으로, 뒤로, 옆으로 움직이게 해주는 힘이 바로 추력이에요. 회전익 드론은 각 프로펠러의 속도를 조금씩 달리 조절

[사진 26] 드론에 자유를 주는 추력.

하면서 추력을 만들어요.

가령, 앞쪽 프로펠러의 속도를 줄이고 뒤쪽을 더 빠르게 돌리면, 드론은 중심이 앞으로 기울어지면서 앞으로 나아갑니다. 반대로 뒤쪽 속도를 줄이고 앞쪽을 빠르게 돌리면 뒤로 이동하지요. 왼쪽과 오른쪽 프로펠러의 속도를 바꾸면 드론은 옆으로 움직일 수도 있습니다.

이러한 방식 덕분에 회전익 드론은 비행기처럼 방향타나 날개 조종 장치가 필요 없어요. 단순히 프로펠러 회전만으로 자유롭게 이동할 수 있죠.

추력은 단순히 방향을 바꾸는 힘이 아니라, 드론의 기동성을 결정짓는 핵심이에요. 빠르게 움직이고 싶을 때는 네 개의 프로펠러 모두를 더 세게 돌려서 강한 추력을 만들고, 천천히 움직이고 싶을 때는 조금만 속도를 올려 부드럽게 이동하지요.

그래서 드론은 마치 공중에서 미세한 춤을 추듯 자유자재로 움직일 수 있는 능력을 갖추고 있습니다.

【정리】

- 회전익 드론은 프로펠러 자체가 양력과 추력을 동시에 만들어 내는 비행체임.
- 프로펠러가 빠르게 돌며 만드는 양력 덕분에 제자리에서도 바로 뜨고 내릴 수 있고,
- 프로펠러 속도 차이로 만드는 추력 덕분에 사방으로 자유롭게 움직일 수 있음.
- 고정익과 회전익 비행체 모두에게 중력과 항력은 늘 똑같이 작용.
- 하늘을 나는 동안 두 비행체 모두 이 힘들을 이겨내야만 안정적으로 날 수 있음.

드론의 비행과 통신 시스템

○

• 비행 제어 시스템 – 드론의 비행을 책임지는 똑똑한 두뇌

드론이 하늘에서 안정적으로 날고, 방향을 바꾸고, 정확하게 착륙까지 할 수 있는 이유는 뭘까요? 그 핵심에는 바로 **비행 제어 시스템**이라는 똑똑한 장치가 있습니다.

비행 제어 시스템은 드론의 움직임을 조절하고 균형을 유지해 주는 역할을 해요. 드론이 흔들리지 않고 부드럽게 날 수 있도록 항상 비행 상태를 감시하고 조정하는 거죠.

[사진 27] 드론의 핵심, 똑똑한 두뇌를 이루는 여러 부품들.

이 시스템 안에는 몇 가지 중요한 센서들이 함께 작동하고 있어요. **자이로스코프**는 드론이 어느 쪽으로 기울었는지, 얼마나 회전하고 있는지를 감지해요. 덕분에 드론이 기울어지거나 방향을 틀 때도 균형을 잘 잡을 수 있도록 도와줍니다.

가속도계는 드론이 얼마나 빠르게 움직이고 있는지를 측정해요. 이걸 통해 드론의 현재 비행 상태를 정확히 파악할 수 있죠.

GPS 모듈은 드론의 위치를 추적하고, 정해진 지점까지 정확히 이동하거나, 출발했던 장소로 되돌아오는 기능에 꼭 필요해요.

이 비행 제어 시스템은 조종기에서 보내는 명령도 해석해서, 드론의 모터를 조절하고, 프로펠러 속도를 바꿔 사용자가 원하는 대로 움직이게 해줍니다.

이 시스템 덕분에 드론은 하늘에서 안정적으로, 똑똑하게, 정확하게 비행할 수 있는 거예요. 보이지 않는 곳에서 드론을 조종하고 보호해 주는 '두뇌' 같은 역할을 하고 있다고 볼 수 있지요.

• 통신 시스템 - 하늘을 향한 소통의 기술

드론이 자유롭게 날아다니는 것처럼 보이지만, 사실은 지상에서 조종기가 보내는 신호를 따라 움직이고 있어요. 드론과 조종기는 항상 통신으로 연결되어 있고, 이 연결이 끊기면 드론도 제대로 움직일 수 없게 되죠. 보통 이 통신은 라디오 주파수(RF)나 Wi-Fi

를 이용해서 이루어져요. 조종기가 보내는 명령을 드론이 실시간으로 받아서, 그에 맞춰 방향을 바꾸고 속도를 조절하는 거죠.

최근에는 더 정확한 통신을 위해 5G 네트워크 기술도 드론에 활용되기 시작했어요. 덕분에 지연 시간 없이 정밀하게 조종할 수 있고, 특히 멀리 떨어진 곳을 자율 비행할 때도 안정적인 연결이 가능해졌어요. 이렇게 통신 시스템은 드론의 비행을 안정적으로 유지하는 데 꼭 필요한 요소예요. 비행 중에 실시간으로 위치를 파악하고, 명령을 주고받고, 상황에 맞게 반응하기 위해서는 정확하고 끊김이 없는 연결이 무엇보다 중요하거든요.

이처럼 드론의 비행 원리를 이해하는 건, 단순히 '어떻게 나는지'를 아는 데 그치지 않고, 앞으로 드론 기술이 어디까지 발전할 수 있을지 상상하고 확장하는 데에도 중요한 밑바탕이 됩니다.

비행, 조종, 안정성을 유지하는 기술

○

드론이 하늘에서 안정적으로 날고, 조종자의 명령에 따라 정확하게 움직일 수 있는 이유는 그 안에 여러 가지 똑똑한 기술들이 함께 작동하고 있기 때문이에요.

이런 기술들은 단순히 드론이 나는 데 그치지 않고, 비행의 안전성과 효율성을 높여주는 아주 중요한 역할을 합니다. 드론이 비행하고, 조종되고, 균형을 유지할 수 있도록 도와주는 주요 기술들에는 어떤 것들이 있는지 함께 살펴볼까요?

1. 비행 안정화 기술

드론이 하늘에서 흔들림 없이 안정적으로 떠 있는 이유는 뭘까요? 그건 바로 **비행 안정화 시스템**(Flight Stabilization System) 덕분이에요.

이 시스템은 드론이 공중에서 균형을 잘 유지하고, 기울거나 흔들리지 않도록 실시간으로 상태를 감지하고 조절해 주는 똑똑한 장치예요. 드론이 안정적으로 날 수 있노독 끊임없이 데이터를 수집, 계산하면서 필요할 때마다 빠르게 반응하죠.

여기에는 몇 가지 중요한 기술들이 함께 작동하고 있어요

• 자이로스코프

이 장치는 드론이 얼마나 기울었는지, 혹은 어느 방향으로 회전 중인지를 실시간으로 감지해요. 드론이 한쪽으로 기울거나 방향이 틀어지면, 자이로스코프가 그 변화를 감지해서 자동으로 균

형을 맞춰주는 역할을 합니다.

• **가속도계**

드론이 얼마나 빠르게 움직이는지, 그리고 갑자기 방향을 바꿀 때 어떤 힘이 작용하는지를 측정해요. 급하게 회전하거나 속도가 바뀌는 순간에도 안정성을 유지하는 데 꼭 필요한 센서예요.

• **전자식 안정화 시스템**

이건 말 그대로 전체 균형을 조절해 주는 두뇌 역할을 해요. 자이로스코프와 가속도계에서 받은 데이터를 바탕으로, 드론의 각 모터 속도를 자동으로 조절하면서 균형을 유지합니다. 특히 바람이 불거나 외부 충격이 있을 때도 드론이 흔들리지 않고 안정된 비행을 할 수 있게 도와줘요.

이 모든 기술이 서로 협력하면서, 드론은 마치 사람이 조종하지 않아도 되는 것처럼 부드럽고 안정적으로 하늘을 날 수 있는 거예요.

2. 조종 기술

드론을 하늘로 띄우는 것도 신기하지만, 원하는 방향으로 정확하게 움직이고, 멈추고, 되돌아오는 모습은 더 놀랍습니다.

이 모든 게 가능한 이유는 드론 안에 다양한 조종 기술이 함께 작동하고 있기 때문이에요.그 중심에는 **비행 제어 시스템**(Flight Control System)이 있습니다.

이 시스템은 조종자가 내리는 명령을 빠르게 분석하고, 그에 맞게 드론의 움직임을 정밀하게 조절해 주는 역할을 해요.

드론을 조종할 때 활용되는 주요 기술들을 살펴볼까요?

· **조종기**

우리가 손으로 조작하는 장치예요. 보통 '라디오 주파수(RF)'나 Wi-Fi를 통해 드론에 신호를 보내요. 방향, 속도, 고도 같은 정보를

[사진 28] 사람과 드론을 연결해 주는 조종기.

실시간으로 전달하면서 드론이 사용자의 명령대로 움직일 수 있도록 해줍니다.

• 비행 제어 장치

조종기에서 받은 명령을 해석하고, 드론의 모터와 프로펠러 속도를 정밀하게 조절해주는 장치예요. 덕분에 드론은 오른쪽으로 돌거나 앞으로 이동하거나 제자리에서 멈춰 있는 등 아주 정확한 조종이 가능해지는 거죠.

• GPS 기반 조종

드론이 어디에 있는지 정확한 위치를 파악하고, 정해진 지점으로 스스로 이동하거나, 출발 지점으로 자동 복귀할 수 있도록 도와주는 기술이에요. 특히 장거리 비행이나 자율 비행 경로 설정에 꼭 필요한 기능이지요.

• 지능형 조종 시스템

인공지능 기술과 결합해, 드론이 스스로 판단하고 움직일 수 있게 해주는 조종 방식이에요. 가령, 장애물을 스스로 피하거나, 사용자가 지정한 사람이나 물체를 자동으로 따라다니는 기능(자동 추적)도 여기에 포함돼요.

3. 안정성을 유지하는 기술

갑작스러운 상황에도 흔들림 없이 드론이 공중에서 안정적으로 나는 것, 아주 정교한 기술 덕분이에요. 하늘에서는 언제든지 바람이 불거나 예상치 못한 변화가 생길 수 있으니까요. 드론이 안전하고 부드럽게 비행하려면, 어떤 상황에서도 중심을 잃지 않게 도와주는 안정화 기술이 꼭 필요합니다.

• 비전 기반 안정화

드론에 달린 카메라를 이용해 주변 환경을 분석하는 기술이에요. GPS 신호가 잘 잡히지 않는 실내 같은 곳에서도, 바닥 무늬나 주변 구조물을 인식해 위치를 파악하고, 자동으로 균형을 조정할 수 있게 해줘요.

• 자율 비행 시스템

드론이 스스로 상황을 분석하고, 장애물을 피하거나 경로를 바꿔서 안전하게 비행할 수 있도록 도와주는 기능이에요. 센서와 인공지능 알고리즘이 함께 작동해서 예상치 못한 돌발 상황에도 침착하게 반응할 수 있어요.

- **반응형 비행 제어**

바람이 세게 불거나 갑작스러운 충격이 생겼을 때, 드론이 실시간으로 그 변화를 감지하고 빠르게 반응하는 기술이에요. 이런 기술 덕분에 드론은 하늘에서도 흔들림 없이 안정적인 자세를 유지할 수 있답니다.

4. 드론의 '눈'과 '귀' 센서

드론은 비행할 때 자신이 어디에 있고, 어떤 상태인지 계속해서 파악해야 해요. 그래서 다양한 센서들이 실시간으로 데이터를 수집, 분석하며 비행을 도와주는 역할을 하고 있지요.

- **초음파 센서**

지면과의 거리를 측정해서 고도를 일정하게 유지할 수 있도록 해줘요. 특히 실내 비행처럼 정밀한 고도 조절이 필요한 환경에서 자주 사용해요.

- **레이저 거리계**

주변을 3차원으로 스캔해서 장애물이나 지형을 인식하는 장치를 말해요. 덕분에 드론은 어디를 피하고 어디로 가야 할지를 스스로 판단할 수 있답니다.

• **온도, 습도, 압력 센서**

비행 중 주변 환경이 어떻게 바뀌는지를 실시간으로 감지해요. 기상 변화에 따라 비행 조건이 달라질 수 있으니까, 이런 센서들은 드론이 보다 안전하게 작동할 수 있도록 도와주는 조력자인 셈이지요.

드론이 비행하고, 조종되고, 안정적으로 움직이기 위해서는 다양한 센서와 제어 시스템이 유기적으로 연결되어 함께 작동합니다. 이 기술들 덕분에 드론은 단순한 기계를 넘어, 정확하게 명령을 수행하고, 예기치 못한 상황에도 안전하게 반응할 수 있는 똑똑한 비행체로 자리 잡아가고 있어요.

드론, 안전하게 날리기

〇

드론을 안전하게 날리기 위해서는 단순히 기계를 잘 조종하는 능력만으로는 부족해요. 무엇보다 중요한 건, **기본적인 안전 수칙을** 잘 알고 지키는 것이랍니다.

요즘은 드론이 촬영, 배달, 교육, 취미 활동 등 다양한 분야에서 활용되다 보니 우리 일상에서도 점점 더 자주 마주치게 되죠. 그만큼 드론을 안전하게 사용하는 자세도 함께 중요해지고 있어요. 드론을 날릴 때 꼭 주의해야 할 중요한 사항들을 하나씩 살펴볼게요.

1. 비행 전 점검

드론을 안전하게 날리기 위해 가장 먼저 해야 할 일, 바로 비행 전 점검입니다. 자동차도 출발 전에 시동을 걸고 타이어 상태를 확인하듯, 드론도 하늘로 띄우기 전에 꼼꼼하게 상태를 확인해 주어야 해요. 작은 점검 하나가 사고를 예방하고, 드론의 수명을 늘리는 데 큰 도움이 된답니다.

[사진 29] 드론 비행 전 필수인 안전 점검.

• 배터리 상태 확인

드론의 배터리는 하늘을 나는 데 꼭 필요한 에너지원이에요. 충분히 충전되어 있는지 확인하고, 열이 과도하게 나거나 겉면에 이상이 없는지도 함께 체크해 주세요. 배터리가 부족한 상태에서 이륙하면 비행 도중 갑자기 추락할 위험이 있어요.

• 프로펠러 점검

드론의 날개에 해당하는 프로펠러가 깨지거나 휘어지진 않았는지 확인해 주세요. 작게 보이는 균열 하나도 비행 중 진동을 일으키거나 방향 조절에 문제를 일으킬 수 있어요. 손상된 프로펠러는 바로 교체하는 것이 좋아요.

• 센서와 카메라 확인

드론이 방향을 잡고 균형을 유지하려면, GPS, 자이로스코프, 가속도계 같은 센서들이 정확히 작동해야 해요. 또한 카메라를 사용할 경우에는 렌즈에 먼지나 이물질이 없는지 꼭 확인해 주세요. 그래야 선명한 화면으로 조종이 가능하고, 영상 촬영도 문제없이 할 수 있어요.

- **소프트웨어 업데이트**

드론 본체나 조종기의 펌웨어가 최신 버전인지 확인해 주세요. 업데이트를 통해 안정성도 높아지고, 기능도 향상될 수 있거든요. 간단한 업데이트 하나가 더 안전하고 똑똑한 비행을 가능하게 해 줘요.

2. 비행 환경 확인

드론을 안전하게 날리기 위해서는 단지 기체만 점검하는 게 아니라, 그 드론이 날게 될 하늘과 주변 환경도 함께 확인해야 해요. 특히 날씨나 비행 구역, 주변 장애물은 드론 비행에 큰 영향을 주기 때문에 꼭 체크해야 할 중요한 요소예요.

[사진 30] 드론 비행 전 환경과 날씨 점검이 필수이다.

• 기상 조건 확인

날씨는 드론 비행의 성공을 좌우할 만큼 중요한 요소예요. 비, 눈, 안개, 강풍 같은 악천후가 있는 날에는 드론을 날리지 않는 것이 안전합니다. 특히 소형 드론은 바람에 쉽게 흔들리거나 밀릴 수 있어서, 바람이 강한 날엔 가벼운 비행조차도 위험할 수 있어요.

• 비행 금지 구역 확인

아무 곳에서나 드론을 날릴 수 있는 건 아니에요. 가령, 공항 근처나 군사 시설, 정부 청사 주변은 법적으로 드론 비행이 제한되거나 금지된 지역입니다. 비행 전에는 내가 있는 곳이 비행이 가능한 구역인지 꼭 지도나 앱 등을 통해 확인해 주세요.

[사진 31] 드론 비행 전 비행 금지 구역 확인을 반드시 해야 한다.

- **주변 장애물 확인**

드론은 하늘을 날지만, 여전히 나무, 전선, 건물, 간판 같은 것들과 충돌할 수 있어요. 특히 좁은 골목이나 사람이 많은 장소에서는 조금만 실수해도 사고로 이어질 수 있으니 더욱 주의가 필요합니다. 비행 전엔 꼭 주변을 둘러보고, 드론이 안전하게 날 수 있는 충분한 공간이 있는지 확인해 주세요.

3. 안전 비행 수칙 준수

드론을 멋지게 조종하는 것도 좋지만, 무엇보다 가장 중요한 건 '안전하게' 날리는 것이에요. 드론 조종자가 지켜야 할 기본적인 안전 수칙은 모두를 위한 약속이자, 드론 문화를 건강하게 지키는 첫걸음이랍니다.

- **시야 안에서 조종하기**

드론을 조종할 때는 항상 눈으로 직접 위치와 움직임을 확인할 수 있는 거리 안에서 조종해야 해요. 시야에서 벗어난 드론은 갑작스럽게 고장을 일으키거나, 다른 물체와 부딪힐 위험이 커지거든요.

- **사생활 존중하기**

카메라가 달린 드론은 편리하지만, 타인의 사생활을 침해하지 않도록 조심해야 해요. 특히 주택가나 사람들이 많은 장소에서는 허가 없이 촬영하지 않도록 주의하고, 공공장소에서는 관련 규정을 잘 지켜야 해요.

- **적정 비행 고도 지키기**

드론은 너무 높이 날아도 안 돼요. 대한민국 기준으로 **지상 150m** 이하에서 비행해야 하고, 이 범위를 벗어나면 항공기와 충돌 위험이 생겨요.

- **비행시간 잘 관리하기**

드론은 배터리가 갑자기 다 떨어지면 추락할 수 있어요. 그래서 비행 전에는 사용 가능 시간을 미리 계산하고, 중간에 안전하게 착륙할 수 있도록 여유 있는 비행 계획을 세우는 게 중요해요.

4. 비상 상황 대비

비행 중에는 언제든지 예기치 못한 상황이 생길 수 있어요. 그럴 때를 대비해 미리 준비하고 기능을 익혀두는 것도 좋은 조종자의 자세랍니다.

• **자동 복귀 기능 점검**

대부분의 드론에는 신호가 끊기거나 배터리가 부족할 때 자동으로 출발 지점으로 돌아오는 기능이 있어요. 이 기능이 제대로 작동하는지 비행 전에 꼭 확인하고, 출발 지점도 정확히 설정해두는 게 좋아요.

• **긴급 착륙 장소 미리 확보하기**

문제가 생겼을 때 바로 착륙할 수 있는 안전한 장소를 비행 전부터 미리 확인해 두세요. 도심이나 사람이 많은 곳에서는 가까운 공터나 비어 있는 공간이 어디인지 기억해 두면 유용하답니다.

• **충돌 방지 기능 활용하기**

최신 드론에는 주변 장애물을 감지해서 자동으로 피하는 충돌 방지 시스템이 탑재돼 있어요. 이 기능을 비행 전 활성화해 두면, 조종 중 실수나 돌발 상황에서도 위험을 줄일 수 있어요.

5. 법률 및 규정 준수

드론은 하늘을 나는 기술이지만, 땅 위의 법과 규칙도 함께 따라야 하는 존재예요. 아무리 조종이 능숙하더라도, 법을 지키지 않으면 안전한 비행은 절대 이뤄질 수 없어요. 드론을 날리기 전에는

기술적인 준비뿐 아니라, 꼭 알아야 할 법적 규정도 함께 살펴봐야
해요.

• 등록 및 허가 확인하기

어떤 드론은 비행 전에 반드시 등록해야 하거나, 상업적으로 사
용할 경우 별도의 자격증이나 비행 허가가 필요할 수 있어요. 특히
일정 무게 이상이거나 촬영 장비가 탑재된 드론은 국가에 따라 등
록 의무가 있는 경우도 많으니, 사용 전에 꼭 확인하는 것이 좋습
니다.

• 비행 제한 구역 피하기

모든 하늘이 드론에게 열려 있는 건 아니에요. 공항 주변, 군사
시설, 정부 청사, 주요 기반 시설 등은 비행이 금지되거나 엄격히
제한된 구역이에요. 실수로라도 그런 곳에서 드론을 날리면, 법적
처벌을 받을 수 있으니 비행 전 지도를 확인하거나 관련 앱을 활용
해 꼭 사전 점검해 주세요.

• 촬영 및 개인정보 보호 규정 지키기

드론에 카메라가 달려 있다면, 촬영은 더 신중해야 해요. 다른
사람을 허락 없이 촬영하거나, 개인정보를 포함한 영상이나 데이터

를 수집하는 행위는 법적으로 문제가 될 수 있어요. 공공장소에서도 관련 법률과 가이드라인을 충분히 확인하고 따르는 것, 꼭 잊지 마세요.

를 수집하는 행위는 법적으로 문제가 될 수 있어요. 공공장소에서도 관련 법률과 가이드라인을 충분히 확인하고 따르는 것, 꼭 잊지 마세요.

드론과 인간의 관계

드론과
인간의 협력

드론은 우리의 능력을 어떻게 확장하는가?

드론은 이제 우리의 신체적인 한계를 넘어서게 해주는 도구로 자리 잡고 있어요. 사람이 직접 갈 수 없는 곳, 보기 어려운 곳, 빠르게 도달하기 힘든 곳도 드론은 가볍게 날아가서 대신 살펴보고, 정보를 모아 우리에게 전달해 줍니다.

특히 드론은 거리와 시간의 제약을 뛰어넘는 능력이 있어요. 높은 산, 넓은 바다, 복잡한 도심 등 어디든 빠르게 도달할 수 있고, 우리가 움직이지 않고도 멀리 떨어진 현장의 상황을 실시간으로 확인할 수 있게 해주죠.

이런 방식으로 드론은 우리의 활동 반경을 넓혀주고, 효율성과 정확성도 함께 높여주는 도구가 되고 있어요.

무엇보다도 드론은, 기존 기술이나 방식으로는 해결하기 어려웠던 문제들을 새롭게 풀어갈 수 있는 열쇠가 되기도 해요. 농업, 구조, 물류, 환경 보호, 촬영, 측량 등등 이처럼 다양한 분야에서 드론은 점점 더 중요한 역할을 맡아가고 있답니다.

1. 접근성의 혁신

드론이 주는 가장 큰 변화 중 하나는 바로 '접근할 수 없던 곳에 도달하게 해준다'는 점이에요. 사람이 가기엔 너무 멀거나, 너무 위험한 장소도 드론은 조용히 날아가 대신 살펴보고, 필요한 정보를 모아 올 수 있는 능력이 있죠.

• 극지방과 외딴 지역 탐사

북극이나 남극처럼 춥고 험한 곳, 사막, 밀림처럼 인간이 직접 들어가기 어려운 자연환경에서도 드론은 안전하고 효율적으로 탐사와 데이터 수집을 할 수 있어요. 가령, 북극의 빙하가 얼마나 녹고 있는지 모니터링하거나, 아마존 열대우림의 동식물 생태계를 조사할 때, 드론은 연구자들의 눈과 발이 되어 멀고 험한 곳까지 날아갑니다.

• 재난 구조와 위험 지역 모니터링

지진, 홍수, 산불처럼 갑작스러운 재난이 발생했을 때, 드론은 사람보다 먼저 현장에 도착해 상황을 파악하고 구조를 돕는 데 큰 역할을 해요. 구조대가 접근하기 어려운 지역도 드론은 위에서 넓게 살펴보고, 실시간으로 영상과 정보를 전송해 보다 빠른 판단과 대응을 가능하게 하죠. 또 화산 활동이나 방사능 누출처럼 위험한 지역에서도 사람 대신 들어가 데이터를 수집할 수 있어, 인명 피해 없이도 중요한 작업을 수행할 수 있게 됩니다.

2. 인간 감각의 확장

드론은 단순히 하늘을 나는 기계가 아니라, 우리 눈과 감각을 대신해 더 넓고 깊은 정보를 모아주는 도구이기도 해요. 우리가 직접 볼 수 없는 곳, 느낄 수 없는 데이터를 드론은 다양한 센서와 기술을 통해 정확하게 수집하고 분석해 줍니다.

- **다중 센서 통합 시스템**

드론에는 고해상도 카메라, 열화상 카메라, 라이다(LiDAR) 같은 다양한 센서들을 달 수 있어요. 그래서 단순히 눈으로 보이는 풍경만 담는 게 아니라, 사람 눈으로는 확인하기 어려운 정보까지 감지하고 기록할 수 있죠. 가령, 농업에서는, 드론이 작물 위를 날며 다중 스펙트럼 이미지를 촬영해 잎의 색, 온도, 수분 상태 등을 분석해서 작물의 건강 상태를 알아낼 수 있어요. 농민의 감각이 기술로 확장되는 셈이지요.

- **실시간 데이터 분석**

드론은 데이터를 모으는 것뿐 아니라, 수집한 정보를 실시간으

[사진 32] 드론의 눈과 귀가 되어주는 센서들이 장착된 드론.

로 분석해서 바로 전달해 줄 수도 있어요. 가령, 구조 현장에서 드론이 보내주는 실시간 영상 덕분에, 구조팀은 상황을 즉시 판단하고 빠르게 움직일 수 있는 결정을 내릴 수 있어요. 복잡한 상황일수록, 이런 실시간 데이터는 사람의 감각을 보완해 주는 강력한 도구가 됩니다.

• 3D 맵핑과 모델링

드론은 하늘에서 촬영한 데이터를 바탕으로 지형이나 건물의 3차원(3D) 지도를 만들 수도 있어요. 복잡한 지형이나 시공 중인 건물, 심지어 문화유산까지 실제처럼 입체적으로 구현해서 건설 현장 관리, 도시 계획, 복원 작업에 활용되죠. 말 그대로 눈으로 볼

[사진 33] 드론이 제작한 3차원 지도.

수 없던 구조를 시각화해 주는 기술인 거예요.

3. 작업 효율성의 극대화(Maximizing Operational Efficiency)

드론은 사람이 직접 하기엔 느리거나 복잡한 작업을 빠르고 정확하게 해내는 데 아주 유용한 도구예요. 기존에는 오랜 시간과 많은 인력이 필요했던 일들도, 드론을 활용하면 시간을 줄이고 효율은 훨씬 높일 수 있지요.

- **정밀 농업**

농약을 뿌리거나 비료를 뿌리는 일, 작물이 잘 자라고 있는지 살펴보는 작업은 생각보다 시간과 노동력이 많이 드는 일이에요.

[사진 34] 농사도 도와주는 일꾼, 농업 드론.

그런데 드론을 이용하면 넓은 농지를 훨씬 빠르게, 더 정밀하게 관리할 수 있어요. 가령, 드론은 작물 위를 날며 건강 상태를 분석하고, 필요한 구역에만 약제를 살포하거나 비료를 뿌릴 수 있어서 자원도 아끼고 결과도 더 좋아집니다.

• 건설 및 인프라 점검

높은 건물, 다리, 송전탑 같은 구조물은 사람이 직접 점검하려면 위험하고 오래 걸릴 수 있어요. 드론은 고화질 카메라나 센서를 달고 하늘에서 구조물을 촬영하면서, 손이 닿기 어려운 곳까지 빠르고 안전하게 상태를 점검할 수 있어요. 덕분에 시간도 줄고 비용도 절감, 무엇보다 사람의 안전도 지킬 수 있답니다.

• 물류 및 배송 서비스

긴급한 상황에서 누군가에게 물품을 빠르게 전달해야 한다면? 드론이 가장 먼저 떠오를 수 있어요. 의약품을 외딴 마을이나 섬으로 배송하거나, 재난 현장으로 긴급 구호 물자를 신속하게 전달하는 일도 드론이 빠르게 해결할 수 있어요. 기존 교통수단보다 훨씬 빠르고 유연하게 움직일 수 있다는 게 큰 장점이죠.

4. 자동화와 자율성의 진화

예전에는 드론을 사람이 직접 조종해야만 움직였지만, 지금은 기술이 발전하면서 드론이 스스로 판단하고 움직일 수 있는 시대가 되고 있어요. 이건 단순한 조종을 넘어서, 진짜 자율적인 로봇으로 진화하고 있다는 뜻이에요.

• 자율 비행 기술

인공지능(AI)과 머신러닝 기술이 더해지면서 드론은 스스로 비행경로를 설정하고, 날아가는 도중에 장애물을 감지하고 피해갈 수 있는 능력도 갖추게 되었어요. 이 기술은 물류 배송, 환경 조사, 군사 작전 등에서 사람이 직접 개입하지 않아도 정확하고 안전하

[사진 35] 점점 더 똑똑해지는 인공지능(AI) 드론.

게 임무를 수행하는 데 큰 도움이 돼요.

• 협력형 드론 시스템(군집 비행)

혼자 일하는 드론도 대단하지만, 여러 대가 동시에 협력해서 움직이면 훨씬 더 큰 일을 해낼 수 있겠죠? 군집 드론은 건설, 농업, 환경 모니터링 같은 분야에서 서로 역할을 나눠가며 동시에 작업해요. 가령 농업용 드론 여러 대가 한꺼번에 넓은 들판을 돌아다니며 작물 상태를 분석하면, 데이터를 훨씬 빠르고 풍부하게 수집할 수 있답니다.

[사진 36] 여럿이 함께 군집을 이뤄 비행하는 드론들.

5. 인간의 창의력과 협력의 도구(Tools for Creativity and Collaboration)

드론은 단순히 날고, 촬영하고, 배달만 하는 기술일까요? 드론은 사람의 상상력과 기술이 만나 새로운 가치를 만들어 내는 도구이기도 해요. 특히 예술과 교육, 협력의 현장에서는 드론이 창의적인 표현과 공동 작업을 가능하게 하는 중요한 매개체로 쓰이고 있답니다.

• 예술과 엔터테인먼트

하늘을 무대로 펼쳐지는 드론 쇼, 본 적 있나요? 수십, 수백 대의 드론이 하늘 위에서 빛을 이용해 그림을 그리듯 움직이며 멋진 퍼포먼스를 만들어 냅니다. 불꽃놀이를 대신하거나, 대형 공연의 클라이맥스를 장식하기도 하지요. 이런 드론 쇼는 기술과 예술이 함께 만든 새로운 표현 방식이에요. 또 드론을 활용한 영상 촬영이나 설치 예술도 창작자들의 시선을 더욱 자유롭고 입체적으로 바꿔주는 도구로 주목받고 있어요.

• 교육과 학습

드론은 이제 교실에서도 활약 중이에요. 과학, 기술, 공학, 예술, 수학(통칭 STEAM 교육)을 쉽게 접할 수 있는 도구로서 많은 학교와 교육기관에서 활용되고 있죠. 학생들은 드론을 조종해 보며 프로

[사진 37] 놀이처럼 공부하는 드론.

그래밍의 기초를 배우고, 드론을 직접 설계하거나 고쳐보면서 기계의 원리와 창의적인 문제 해결력을 키워갈 수 있어요. 놀이처럼 배우지만, 그 안에는 미래 기술에 대한 감각과 협업의 경험이 담겨 있어요.

인간과 드론의 상호작용 사례

○

드론은 이제 사람과 함께 일하는 파트너처럼 우리 일상과 산업 곳곳에서 활약하고 있어요. 특히 기술이 발전하면서 드론은 사람과 상호작용하며 문제를 해결하고, 더 안전하고 빠른 방식으로 일의 효율을 높여주는 도구로 자리 잡아가고 있죠. 그중에서도 많은 이들에게 감동을 준 한 사례들을 소개할게요.

1. 재난 구조에서의 상호작용 - 스위스 구조 드론 프로젝트

스위스는 아름다운 알프스산맥으로 유명하지만, 그만큼 산악 사고나 조난이 자주 발생하는 나라이기도 해요. 구조대가 직접 험한 산길을 오르며 실종자를 찾는 건 시간도 오래 걸리고, 무엇보다 구조대원의 안전이 위험해질 수도 있죠. 이런 문제를 해결하기 위해 등장한 것이 바로 스위스 구조 드론 프로젝트예요.

이 프로젝트는 인공지능(AI)이 탑재된 드론을 이용해, 험한 고산 지대에서 실종자를 탐색하는 시스템을 개발한 거예요. 드론은 사람이 접근하기 어려운 곳까지 날아가서 먼저 탐사하고, 위험 상황을 미리 알려주는 역할을 하죠.

[사진 38] 똑똑한 스위스의 드론 구조대.

이 드론에는 열 감지 카메라와 고해상도 카메라가 장착돼 있어요. 그래서 눈 속에 묻힌 사람의 체온도 감지할 수 있고, 움직임이나 흔적을 자동으로 찾아내요. 인공지능이 수집한 데이터를 분석해서, 실종자가 있을 가능성이 높은 장소를 빠르게 파악할 수 있어요.

드론이 실시간으로 보내주는 영상과 데이터를 바탕으로 구조대는 보다 정확하고 빠르게 대응할 수 있어요. 드론이 먼저 위험 지역을 탐색해주니까, 구조대원들은 보다 안전한 상태에서 구조 활동을 시작할 수 있지요. 이건 단순한 도구를 넘어선 '사람과 드론이 함께 생명을 구하는 협력'인 셈이에요.

이처럼 드론은 기술 그 자체보다, 사람과 어떻게 협력하느냐에 따라 훨씬 더 큰 가치를 만들어낼 수 있다는 걸 보여주는 사례예요.

2. 농업에서의 협업 – 드론과 함께하는 스마트한 농사

일본은 고령화가 빠르게 진행되고 있는 나라예요. 특히 농촌 지역에서는 일손 부족과 고령화 문제로 인해 농사를 짓는 데 큰 어려움을 겪고 있죠. 이런 상황에서 드론이 농부들의 든든한 파트너로 등장하고 있어요. 바로 일본의 스마트 농업 프로젝트입니다.

일본 농업 협회에서는 드론을 활용한 작물 관리 시스템을 도입했어요. 목표는 간단하지만 중요해요. 더 적은 인력으로도 더 정확

[사진 39] 사람과 함께하는 농사 드론.

하고 생산성 높은 농사를 짓는 것이죠. 사람의 경험과 드론의 기술이 만나 더 똑똑한 농업, 즉 '정밀 농업(Precision Agriculture)'이 시작된 거예요.

드론은 하늘에서 작물의 생육 상태를 촬영하고, 병해충이 발생한 곳을 탐지해서 알려줘요. 또 비료나 농약도 꼭 필요한 곳에만 정확하게 뿌릴 수 있어서, 자원 낭비를 줄이고 작물도 더 건강하게 자랄 수 있어요. 드론이 수집한 데이터를 분석하면 언제 수확하는 게 가장 좋은지 예측하고, 농업 계획도 미리 세울 수 있게 도와준답니다.

농부들은 드론이 보내주는 정보를 통해 작물 상태를 실시간으로 확인하고, 필요에 따라 농장 관리를 조정할 수 있어요. 예전에는 눈으로 일일이 확인해야 했던 일을 이제는 드론과 함께 빠르고 정확하게 처리할 수 있게 된 거죠. 이 프로젝트는 단순히 기계를 도입한 것이 아니라, 기술과 사람이 함께 일하며 만들어 낸 '새로운 농업의 모습'이에요.

드론 덕분에 고령의 농부들도 무리 없이 농사를 이어갈 수 있고, 젊은 세대는 더 과학적인 방식으로 농업에 도전할 수 있게 되었어요.

3. 의료와 드론의 만남 - 생명을 날라주는 르완다의 하늘길

길이 멀고 험하다는 이유로, 도움이 필요한 사람에게 제때 의료 물품을 전달하지 못한다면 얼마나 안타까울까요? 아프리카의 르완다에서는 이런 문제를 드론이 해결하고 있어요. 특히 의약품과 혈액 같은 생명과 직결된 물품을 빠르고 안전하게 전달하는 데 드론이 놀라운 역할을 하고 있답니다.

르완다 정부는 미국의 드론 전문 회사 'Zipline'과 손잡고, 혈액과 의약품을 드론으로 배송하는 시스템을 운영하고 있어요.

이 시스템 덕분에 산 넘고 강 건너도 빠르게 생명을 구하는 물품이 도착할 수 있는 길이 열린 거예요.

병원에서 요청이 들어오면, 드론은 몇 분 안에 혈액, 백신, 약품 등을 준비해서 출발해요. 사전에 정해진 경로를 따라 비행하고, 목적지에 도착하면 낙하산을 이용해 소포를 안전하게 떨어뜨려요. 도로 사정이 나쁜 곳이나 산악 지형도 드론에게는 전혀 문제가 되지 않아요.

병원과 보건소에서는 드론의 비행 위치와 도착 시간 등을 실시간으로 확인할 수 있어요. 긴급한 수혈이 필요한 상황이나 도로가 끊긴 지역에서도 정확한 시간에 필요한 물품을 받을 수 있다는 건 정말 큰 변화죠.

이 시스템은 응급 상황에서의 생존율을 높이고, 보건 서비스의

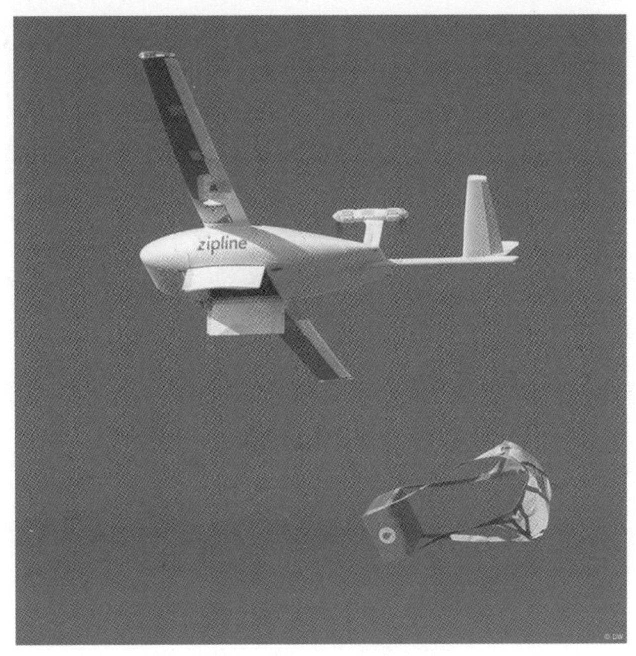

[사진 40] 혈액과 의약품을 배송하여 사람을 살리는 Zipline 드론.

접근성을 크게 향상시켰어요. 르완다의 사례는 드론이 기술을 넘어서 사람의 생명을 살리는 역할을 한다는 걸 보여줘요.

4. 환경 보호와 드론의 만남 – 바다거북을 지키는 하늘의 눈

아름다운 해변과 깨끗한 바다로 유명한 호주. 이곳에는 오래전부터 살고 있는 멸종 위기 동물, 바다거북이 있어요. 하지만 환경

파괴와 기후 변화로 바다거북의 서식지와 생존이 위협받고 있죠.

이 문제를 해결하기 위해, 호주에서는 드론을 활용한 바다거북 보호 프로젝트가 진행되고 있어요. 하늘을 나는 드론이, 조용히 자연을 살피고 생명을 지켜주는 일에 나선 거예요.

호주의 환경 단체와 대학 연구팀이 함께 힘을 모았어요. 드론을 활용해 해안 지역의 바다거북 서식지를 모니터링하고, 정확한 생태 데이터를 수집하는 프로젝트를 운영하고 있죠.

드론에는 고해상도 카메라가 장착되어 있어, 하늘에서 바다거북이 어디로 이동하는지, 어디에 알을 낳는지, 그리고 서식 환경이 어떻게 변화하는지를 빠르고 넓게 관찰할 수 있어요. 기존처럼 사람이 일일이 걸어서 조사할 필요 없이, 더 넓은 지역을 훨씬 효율적으로 살필 수 있게 된 거죠.

연구자들은 드론이 모은 사진과 데이터를 바탕으로 바다거북을 어떻게 보호할지 계획을 세우고, 필요한 보호 조치를 더 빠르게 실행할 수 있어요. 가령, 해변에 알을 낳은 거북이의 둥지를 찾아 위험 요소로부터 안전하게 지킬 방법을 마련할 수 있죠.

이 프로젝트는 드론이 단순한 도구를 넘어 생명을 위한 감시자이자, 자연을 위한 조력자가 될 수 있다는 걸 보여줘요. 하늘 위에서 조용히 날며 자연을 지켜보는 드론, 그 모습은 마치 자연을 위한 따뜻한 눈 한 쌍 같지 않나요?

5. 건설 현장에서의 협업 – 드론과 함께 짓는 더 안전한 미래

건설 현장은 언제나 사람과 기계가 함께 움직이는 분주한 공간이에요. 그만큼 안전 관리와 현장 점검이 중요하지만, 넓은 부지와 복잡한 구조 속에서 사람의 눈과 발만으로 모든 걸 살펴 문제점을 찾아내기란 쉽지 않죠.

미국에서는 이런 문제를 해결하기 위해 드론을 활용한 '스마트 건설 프로젝트'가 활발히 진행되고 있어요. 드론이 현장 관리자들의 눈과 손이 되어, 더 빠르고 안전하게 건설 과정을 관리할 수 있도록 돕는 중이에요.

[사진 41] 건설 현장의 새로운 눈인 드론.

미국의 여러 건설 회사들은 드론을 이용해 공사 현장을 실시간으로 모니터링하고, 안전 점검을 자동화하는 시스템을 구축하고 있어요. 복잡한 구조물도 하늘에서 한눈에 살피고, 위험 요소도 미리 파악할 수 있도록 만든 똑똑한 현장 관리 방식이죠.

드론은 건축물 외벽 상태를 촬영하거나, 현장 내 위험 요소나 장애물을 탐지하는 데 쓰여요. 또, 드론이 촬영한 영상을 바탕으로 3D 모델링을 하면 실제 시공된 구조물과 설계 도면을 비교해 어디가 어떻게 다른지 빠르게 파악할 수 있어요.

현장 관리자와 엔지니어는 드론이 실시간으로 보내주는 데이터를 보고 안전 관련 의사결정을 신속하게 내릴 수 있어요. 덕분에 사고 위험을 줄이고, 건설 일정도 더 체계적으로 관리할 수 있게 되었죠.

이처럼 드론은 단순히 촬영만 하는 기계를 넘어서, 사람과 함께 일하며 현장을 바꾸는 중요한 동료로 자리 잡고 있어요. 무거운 벽돌을 들진 않지만, 현장을 지켜보고, 판단을 돕고, 더 나은 결정을 이끌어 내는 조력자랍니다.

인간의 창의성과 기술의 만남

○

드론은 이제 단순한 비행 기계를 넘어서 사람의 창의력과 첨단 기술이 만나 새로운 세상을 열어주는 도구로 자리 잡고 있어요. 예술, 공연, 교육, 연구 등 다양한 분야에서 드론은 우리가 이전에는 상상만 했던 일들을 현실로 만들어 주는 역할을 하고 있죠. 특히 드론의 발전은 단순한 기술의 진보를 넘어, 인간의 상상력과 결합할 때 더욱 빛을 발합니다. 하늘을 무대로 공연을 펼치고, 교실을

[사진 42] 올림픽 개막식 밤하늘을 수놓는 인텔사의 군집 드론 쇼.

실험실처럼 만들고, 지구 곳곳을 새로운 시선으로 바라보게 해주는 드론은 창의적인 도전의 매개체이자, 새로운 표현 방식의 도구가 되어가고 있어요.

드론이 사람의 상상력과 손을 맞잡고 새로운 가능성을 펼쳐낸 다양한 사례들을 살펴볼게요.

1. 예술과 드론의 만남 - 하늘 위에 그리는 빛의 공연

드론이 예술 속으로 들어왔을 때, 하늘은 무대가 되고, 빛은 붓이 됩니다. 공중 드론 쇼는 수십, 수백 대의 드론이 하늘을 수놓으며 그림을 그리고, 이야기를 전하고, 감동을 선사하는 특별한 공연이에요.

여러 대의 드론이 정해진 경로를 따라 정교하게 움직이며 공중에서 형상, 문양, 상징을 만들어 냅니다. 색색의 조명이 더해지면 마치 밤하늘에 떠오른 거대한 애니메이션 같기도 하죠. 하늘 위의 군무라고 해도 과언이 아니에요.

대표적인 예로는 인텔(Intel)사의 드론 쇼가 있어요. 올림픽 개막식, 대형 콘서트, 글로벌 행사 등에서 수백 대의 드론이 하늘에서 완벽한 타이밍으로 조화를 이루며 관객들에게 강렬한 인상을 남겼죠. 한 대 한 대가 작은 점 같지만, 모이면 이야기를 전하는 하나의 큰 작품이 돼요.

드론들이 서로 부딪치지 않고 동시에 움직일 수 있는 건 컴퓨터 알고리즘과 인공지능 덕분이에요. 여기에 음악과 조명을 동기화해서 공연의 완성도를 높이죠. 눈으로 보는 순간은 짧지만, 그 안에는 수많은 계산과 협업이 정밀하게 설계된 예술이에요.

드론 쇼는 단순한 불빛 놀이가 아니에요. 하늘 위에서 형상을 만들어 내고, 메시지를 전달하는 새로운 표현 방식이죠. 어떤 때는 별이 되고, 어떤 때는 동물이 되기도 하며 감정을 전달하고, 공감을 이끌어 내는 예술 언어로 발전하고 있어요.

2. 영화와 영상 속으로 들어간 드론 - 카메라의 눈을 넓히다

드론이 영화나 방송 촬영에 사용되기 시작하면서, 우리가 스크린으로 보는 세상의 풍경이 달라지기 시작했어요. 카메라가 닿을 수 없던 하늘, 좁은 골목, 위험한 절벽까지 이제는 드론이 감독의 눈이 되어 그 장면들을 담아냅니다.

영화《007 스펙터》나《매드 맥스: 분노의 도로》같은 대형 블록버스터에서도 드론 촬영이 적극적으로 활용됐어요. 고속도로 위의 추격 장면, 사막 한가운데의 대규모 액션 장면 등 기존 촬영 장비로는 구현하기 어려운 다이내믹하고 광활한 장면들을 실현한 거죠.

드론에는 흔들림을 줄여주는 짐벌(gimbal)과 고해상도 카메라가 장착돼 있어서, 빠르게 움직이면서도 부드럽고 안정적인 영상을 찍

[사진 43] 하늘을 나는 카메라, 항공 촬영 드론.

을 수 있어요. 또 좁은 골목이나 험한 지형, 사람의 접근이 어려운 공간도 드론은 가볍게 날아 들어가 멋진 장면을 포착해 냅니다.

드론은 단순히 '위에서 찍는' 도구가 아니에요. 감독들에게는 완전히 새로운 시선과 구도를 제공하는 촬영 파트너예요. 하늘에서, 건물 사이에서, 혹은 움직이는 차량과 나란히 달리며 카메라가 마치 배우처럼 자유롭게 움직이는 영상을 만들 수 있게 된 거죠. 특히 다큐멘터리에서는 드론이 자연의 생생한 모습을 조용히, 멀리서 지켜보며 담아내는 역할을 해요. 동물의 일상, 숲의 숨결, 바다 위 무리 지은 새들…. 우리가 미처 볼 수 없던 자연의 순간들을 아름답고 섬세하게 전해주는 눈이 되어줍니다.

드론은 영화와 영상 속에서 단순한 촬영 장비가 아닌, 창의적인 표현을 위한 하나의 '감독' 같은 존재예요. 덕분에 우리는 더 생생하게, 더 감동적으로 이야기의 한가운데를 함께 경험할 수 있게 되었죠.

3. 교실 위를 나는 상상력 - 드론과 함께하는 창의적인 배움

드론은 이제 교실에서도 활약 중이에요. 그저 날리는 재미를 넘어서, 학생들이 직접 생각하고, 설계하고, 움직여보는 새로운 학습 도구로 자리 잡고 있죠. 특히 과학, 기술, 공학, 수학이 융합된 STEM 교육과 결합하면서 학생들의 창의성과 문제 해결 능력을 키

[사진 44] 학생을 위한 새로운 교실에서 활약하는 드론.

우는 데 큰 도움이 되고 있어요.

미국에서 진행된 '드론 엔지니어링 챌린지(Drone Engineering Challenge)'라는 프로그램에서는 학생들이 직접 드론을 설계하고, 프로그래밍해서 미션을 수행해요. 가령, 장애물을 통과하거나, 지정된 물체를 정확히 옮기는 과제를 드론으로 해결하죠. 단순히 조종하는 걸 넘어서, 어떻게 만들고, 어떻게 날릴지까지 스스로 고민하면서 창의력을 발휘하는 거예요.

드론을 다루기 위해서는 구조 설계, 코딩, 센서 활용까지 다양한 기술이 필요해요. 학생들은 이 과정에서 자연스럽게 기계의 원리와 소프트웨어의 흐름을 배우게 되고, 배운 기술을 직접 손으로 만들고 움직이며 익히는 즐거움도 함께 느낄 수 있어요.

드론을 활용한 수업은 정답이 하나인 문제가 아니에요. 같은 목표를 두고도 누가 더 창의적으로 해결하느냐가 핵심이죠. 학생들은 프로젝트를 통해 자신만의 아이디어를 구체화하고, 실험과 실패를 반복하면서 새로운 해결책을 스스로 찾아가는 과정을 경험하게 돼요.

이건 교과서로는 배울 수 없는 아주 특별한 배움이에요. 드론은 교실 안에 생각이 날아다니는 공간을 만들어 줍니다. 배움이 더 이상 칠판 속에만 머물지 않고, 하늘을 날고, 현실 속 문제를 만나며, 손끝에서 생생하게 피어나는 경험으로 바뀌고 있어요.

4. 무대 위의 드론 - 예술을 입고, 감동을 나르다

드론이 옷을 입고 무대 위를 걷는다면 어떨까요? 패션과 퍼포 먼스 예술의 세계에서도 드론은 새로운 감각을 더하는 창의적인 파트너로 등장하고 있어요. 기존의 무대 연출과는 전혀 다른, 기술 과 예술이 만나는 멋진 장면을 만들어 내는 중이죠.

2018년, 세계적인 브랜드 '돌체앤가바나(Dolce & Gabbana)'의 패 션쇼에서 드론이 하늘을 날며 핸드백을 운반하는 장면이 등장했 어요. 모델 대신 드론이 런웨이를 떠다니며 무대를 꾸미자, 관객들

[사진 45] 드론을 활용한 '돌체앤가바나' 패션쇼.

은 놀라움과 감탄을 동시에 보냈죠. 이 장면은 단순한 이벤트가 아니라, 패션과 기술이 만났을 때 어떤 감각적인 경험이 가능한지를 보여주는 대표적인 사례가 되었어요.

쇼에 등장한 드론들은 정밀한 비행 제어 기술을 바탕으로 디자이너가 원하는 위치에 정확하게 도달하고, 조명과 음악의 흐름에 맞춰 유려하게 움직였어요. 드론의 움직임 하나하나가 무대 연출의 일부이자 예술적인 표현이 된 거죠.

기존의 패션쇼는 사람이 입고 걷는 방식이 중심이었지만, 드론이 등장하면서 새로운 시선, 새로운 흐름이 무대에 생겼어요. 기술이 단지 무대 뒤의 장치가 아니라 퍼포먼스의 주체로 등장해 관객의 감각을 자극하는 순간, 예술은 또 한 번 확장되는 거예요.

5. 도시를 그리는 드론 - 하늘에서 펼쳐지는 거리 예술

도시를 이루는 건물과 벽, 거리와 광장. 이곳은 때로 예술가들에게는 거대한 캔버스가 되기도 하죠. 그런데 이 캔버스를 채우는 방식도 점점 달라지고 있어요. 이제는 드론이 예술가의 손이 되어, 도시의 풍경 위에 색과 메시지를 그려냅니다.

'드론 그래피티 프로젝트(Drone Graffiti Project)'는 드론을 이용해 고층 건물의 외벽에 그래피티를 그리는 독특한 시도예요. 사람이 쉽게 닿을 수 없는 높은 벽도, 드론이라면 자유롭게 날아가 색을

[사진 46] 도심 속 새로운 화가, 그래피티 드론.

입히고 예술을 새길 수 있죠. 도심 속에 깜짝 등장한 이 작품들은 단순한 낙서가 아니라, 기술과 예술이 함께 빚어낸 새로운 도시의 얼굴이에요.

이 프로젝트에 사용된 드론은 GPS와 자율 비행 기술이 결합돼 있어요. 사전에 입력된 경로와 좌표를 따라 정해진 위치에 정확히 색을 분사하면서 그래피티 작업을 수행하죠. 마치 벽 위를 걷듯이 드론이 그림을 그리는 모습은 그 자체로도 하나의 퍼포먼스 같아요.

전통적인 벽화 작업은 땅 위에서 사다리를 놓고 하는 방식이었지만, 드론을 활용하면 공간의 한계를 넘어설 수 있어요. 도시 곳곳의 숨겨진 외벽이나 구조물 위에도 작품을 남길 수 있고, 빠르게 변화하는 도시 풍경 속에서 예술이 기술과 함께 살아 숨 쉬게 만들죠. 이는 단순한 작업 방식의 변화가 아니라, 도시 예술에 대한 완전히 새로운 해석이기도 합니다.

6. 공연 예술과 드론 – 무대 위를 나는 빛과 움직임

드론이 무대에 오르면, 빛과 소리, 움직임이 어우러진 완전히 새로운 공연이 펼쳐집니다. 음악, 무용, 연극 등 다양한 공연 예술 속에서 드론은 배경 장치가 아닌 무대 위의 하나의 배우이자 연출가처럼 함께 호흡하고 있어요.

미국의 유명 밴드 메탈리카(Metallica)는 공연 중 무대 위에 드론을 활용해 음악에 맞춰 형상을 그리는 퍼포먼스를 선보였어요. 수많은 드론들이 음악의 리듬에 맞춰 날아오르고, 조명을 바꾸며 하늘에 별처럼 빛나는 패턴을 만들었죠. 그 장면은 단순한 시각 효과가 아니라, 공연의 감정을 증폭시키는 또 하나의 표현 방식이었어요.

드론은 음악과 조명에 자동으로 동기화되어 공연의 흐름에 맞춰 정확하게 움직여요. 또 미리 설정된 경로를 따라 움직이는 군집 비행 기술을 활용해 드론 여러 대가 마치 하나의 생명체처럼 유기적으로 퍼포먼스를 펼칩니다.

기존의 무대 장치는 정해진 구조 안에서만 움직일 수 있었지만, 드론은 공중을 자유롭게 오가며 무대 위에 역동성과 확장성을 더해줘요. 음악, 조명, 움직임이 하나가 되어 공연의 메시지를 더 깊고 풍부하게 전달할 수 있는 새로운 예술 언어가 되는 거예요. 드론은 이제 공연 예술 속에서 기술이 아닌 감동의 일부로 관객 앞에 서고 있어요.

드론이 바꾼 세상,
바꿀 세상

드론이 바꿔놓은 새로운 풍경

드론이라고 하면 대부분 하늘을 날아다니는 모습을 떠올리실 거예요. 하지만 요즘 드론은 지상에서도 아주 똑똑하게 움직이며 우리 생활을 바꾸는 데 큰 역할을 하고 있어요. 특히 군사 작전이나 식당 서비스 같은 실생활 현장에서 사람을 대신해 움직이는 지상 드론이 활약 중이랍니다. 지상 드론과 서빙 드론을 중심으로 우

[사진 47] 미국의 군사 작전 드론 글로벌 호크(Global Hawk).

리 사회의 풍경이 어떻게 날바시고 있는지 한번 살펴볼까요?

군사 작전의 조력자 – 위험 속으로 먼저 들어가는 지상 드론

드론은 군사 현장에서 더 이상 보조 수단이 아닌, 핵심 전력으로 자리 잡고 있어요. 특히 정찰, 공격, 방어까지 여러 역할을 해내며 전쟁의 방식과 흐름 자체를 바꾸고 있는 중이죠.

전쟁에서 가장 중요한 거 중 하나는 정보예요. 적이 어디에 있는지, 어떻게 움직이는지, 어떤 준비를 하고 있는지를 먼저 아는 쪽이 더 유리한 전략을 세울 수 있죠. 이때 드론은 조용히 하늘을 날며 적의 움직임을 감시해 주는 역할을 합니다.

가령, 미국의 **글로벌 호크**(Global Hawk) 드론은 아주 높은 하늘에서 넓은 지역을 감시하며 고해상도 영상을 실시간으로 전송해요. 수천 킬로미터 떨어진 작전 본부에서도 드론이 찍은 화면을 바로 보고, 전술 계획을 세울 수 있는 수준이에요.

드론은 사람이 들어가기 위험한 지역에도 들어가서 적의 위치나 무기 배치, 병력 이동 등을 파악할 수 있어요. 덕분에 군사 작전의 정확도와 안전성이 훨씬 높아졌죠. 드론이 수집하는 정보는 단순히 '보기 위한 자료'가 아니라, 작전 전체를 좌우할 수 있는 결정적인 정보가 될 수 있어요.

드론은 단지 정찰만 하는 '관찰자'가 아니에요. 이제는 실제로 공격까지 수행하는 무인 무기로도 활약하고 있어요. 그리고 그 능력은 전통적인 전쟁 방식에 큰 변화를 주고 있죠. 드론은 공격만 하는 무기가 아니라, 다른 드론의 위협을 막는 방어 도구로도 사용돼요. 가령, 요즘은 적의 드론을 탐지하고, 경로를 차단하거나 무력화하는 시스템도 드론과 함께 운영되고 있어요. 이른바 **'안티 드론 기술'**이죠.

요즘은 드론이 단순히 사람이 조종하는 기계를 넘어서, 스스로 판단하고 움직이는 인공지능 무기로까지 발전하고 있어요. 바

[사진 48] 미국의 군사용 드론 MAARS(Modular Advanced Armed Robotic System).

로 '자율 전투 드론'이라고 불리는 기술이에요.

이런 드론은 사람의 직접적인 조작 없이도, 목표를 식별하고 추적하고, 심지어 공격까지 할 수 있어요. 전쟁의 속도를 높이고 병사의 부담을 줄여줄 수 있는 기술이기도 하죠.

미국에는 'MAARS(Modular Advanced Armed Robotic System) 드론'이 있어요. 지상에서 움직이는 군사용 드론이에요. 사람이 직접 들어가기엔 너무 위험한 지역을 대신 탐색해 주는 똑똑한 로봇이죠. MAARS 드론은 원격으로 조종되기 때문에, 병사들은 멀리 떨

[사진 49] 러시아의 군사용 드론 Uran-9.

어진 안전한 곳에서 이 드론을 조작해 작전을 수행할 수 있어요. 특히 이 드론은 소총이나 폭탄 해체 장비 같은 무장을 갖추고 있어서, 위험한 물체를 안전하게 처리하거나, 적의 위치를 파악하는 정찰 임무에 많이 활용돼요.

러시아에는 'Uran-9 드론'이 있어요. 이 드론은 전투를 위해 특별히 개발된 지상 드론이에요. 기관총과 미사일 같은 무기를 장착하고 있어서 실제로 전장에서 적과 교전할 수 있는 능력을 갖추고 있죠. Uran-9 드론의 가장 큰 장점은 사람이 쉽게 접근할 수 없는 위험한 지역에서도 작전을 수행할 수 있다는 것이에요. 가령, 폭발물이 있을 수 있는 지역이나 적의 공격이 우려되는 구역에 병사 대신 먼저 투입되어 정찰하거나 전투를 수행할 수 있어요.

이 지상 드론은 위험한 군사 작전에서 사람을 대신해 움직이며, 병사들의 생명을 지키고 임무를 더 안전하고 효율적으로 수행할 수 있게 도와주고 있어요. 특히 정찰, 폭탄 해체, 교전 등 고위험 상황에서 사람이 직접 나서지 않아도 된다는 점에서 아주 큰 역할을 하고 있죠.

하지만 이런 기술이 발전하면서 생기는 고민도 함께 있어요. 가령, 무기를 장착한 드론이 스스로 판단하고 공격할 수 있게 되면, 누구의 책임일까? 이런 윤리적인 문제가 생길 수 있고, 기술적인 오작동이나 해킹의 위험도 함께 고려해야 해요. 그래서 지상 드론은 단순히 "편리하고 강력한 기계"가 아니라, 어떻게 안전하게, 책임 있게 사용할 것인지에 대한 고민이 꼭 필요한 기술이기도 해요.

식당 한가운데 드론이?

드론은 이제 식당에서도 열심히 일하고 있어요. 직원이 직접 들고 오던 음식을 지상 드론이 테이블까지 안전하게 배달해주는 모습, 요즘 꽤 자주 볼 수 있는 풍경이 됐죠.

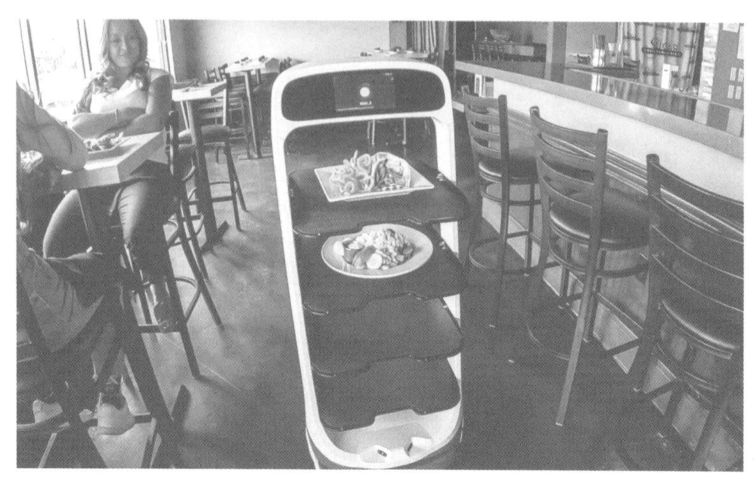

[사진 50] 식당의 일꾼 서비스 드론.

특히 코로나19 이후 비대면 서비스에 관한 관심이 커지면서, 서빙 드론은 효율성과 위생, 재미까지 한꺼번에 챙길 수 있는 새로운 도우미로 떠오르고 있어요.

서빙 드론은 대부분 바퀴로 움직이는 작은 로봇 형태이고요, 자율 주행 기능이 있어서 사람이 따로 조종하지 않아도 주문받은 테이블까지 스스로 찾아가요. 길을 걷다 누군가 앞을 막으면? 충돌 방지 센서가 작동해서 부딪히지 않도록 피해 갑니다. 음성 안내나 터치스크린이 달린 것도 있어서 손님과 간단한 소통도 가능해요.

우리나라에서는 '딜리'라는 서빙 로봇 드론이 서울의 여러 음식점에서 활약하고 있어요. 손님이 앉아 있으면 음식은 드론이 척척 배달! 특히 코로나 이후, 사람 간 접촉을 줄이기 위한 수단으로 더욱 주목받고 있답니다.

일본의 '퓨처 레스토랑' 프로젝트도 인상적이에요. 손님이 주문하면, 드론이 주방에서 음식을 받아 정확한 테이블로 안전하게 이동해 주는 시스템이죠. 마치 음식점에 작은 로봇 웨이터가 생긴 느낌이에요.

서빙 드론은 단순히 편한 기술이 아니라, 새로운 서비스 문화를 만들어 내고 있어요. 손님 입장에서는 더 빠르고 깔끔하게 음식을 받을 수 있고, 음식점 입장에서는 인건비를 줄이면서도 효율적인 운영이 가능하죠. 물론 "그럼, 사람 일자리는 줄어드는 거 아냐?" 하는 걱정도 있어요. 하지만 그만큼 드론을 관리하고 유지보수하는 새로운 직업이 생겨날 수도 있고, 기존 직원들은 고객 응대나 품질 관리 같은 더 중요한 일에 집중할 수도 있어요.

서빙 드론은 이제 식당이라는 작은 공간 안에서 미래 기술과 사람이 자연스럽게 함께 일하는 장면을 보여주고 있어요. 앞으로 이 드론들이 또 어디에서 어떤 역할을 하게 될지, 벌써 기대되지 않나요?

지상 드론과 서빙 드론, 처음엔 낯설고 신기했지만, 이제는 어느새 우리 삶의 익숙한 한 장면이 되어가고 있어요. 군사 현장에서는 병사들의 생명을 지키기 위해, 식당에서는 더 빠르고 위생적인 서비스를 위해 드론이 사람을 대신해 움직이고 있죠.

그동안 사람이 직접 해야 했던 일들을 이제는 드론이 정확하고 안전하게 수행하면서 우리 생활의 방식도 조금씩 달라지고 있는 것 같아요.

하지만 이렇게 편리한 변화 속에서도 우리가 꼭 잊지 말아야 할 것이 있어요. 모든 기술에는 책임이 따른다는 점이에요. 드론이 사회에 어떤 영향을 미치는지, 그 긍정적인 면과 함께 함께 고민해야 할 부분들도 함께 들여다볼 필요가 있겠죠.

이제 드론은 단순한 기계를 넘어 세상을 바라보는 시선을 바꾸고, 문제를 해결하는 방식도 바꾸고 있어요. 그렇다면 앞으로 드론은 또 어떤 새로운 모습을 보여줄까요?

환경, 도시, 전쟁에서의 드론 역할

○

드론은 특히 환경 보호, 도시 관리, 군사 작전 같은 분야에서는 드론이 기존의 방식으로는 어려웠던 문제들을 새롭게 해결하는 데 큰 역할을 하고 있답니다. 이번에는 먼저 자연을 지키는 현장, 환경 보호 분야에서의 드론 이야기를 함께 살펴볼게요.

• 자연을 지키는 하늘의 눈

지구는 지금 여러 가지 환경 문제로 힘들어하고 있어요. 기후 변화, 산불, 불법 벌목, 해양 오염 같은 문제들은 넓은 지역에서 빠르게 일어나는 경우가 많아서 사람이 일일이 살피기에는 한계가 있죠. 이럴 때 드론은 하늘 위에서 넓고 빠르게 움직이며 자연의 변화를 살피고, 위험을 미리 감지해주는 든든한 파수꾼이 되어줘요.

가령, 넓은 숲과 강, 바다를 감시해서 변화가 생긴 곳이나 위험 징후를 빠르게 찾아냅니다. 사람보다 훨씬 넓은 범위를 짧은 시간 안에 조사할 수 있죠.

호주에서는 드론을 활용해 산불을 감지하는 시스템이 운영되고 있어요. 연기나 온도 변화를 실시간으로 감지해서 산불이 막 시작됐을 때 바로 대응할 수 있도록 도와주는 거예요.

아마존 열대우림에서는 드론이 불법 벌목을 감시하고 있어요. 사람이 접근하기 어려운 숲 속도 드론이라면 가볍게 날아가서 파괴된 지역을 촬영하고 기록할 수 있답니다.

드론이 자연을 지키는 방법은 점점 더 정교해지고 있어요. 카메라뿐만 아니라 열 감지 센서, 가스 센서, 스펙트럼 카메라 같은 첨단 장비들이 함께 쓰이면서 숨어 있는 위험도 놓치지 않고 찾아낼 수 있는 능력이 생긴 거죠.

앞으로 드론은 단순한 관찰자가 아니라, 환경과 함께 살아가는 기술로 더 많은 생명과 생태계를 지키는 데 중요한 역할을 하게 될 거예요.

• **야생동물과 함께하는 드론**

사람이 쉽게 들어갈 수 없는 숲속, 넓은 초원, 바닷가 해변…

이런 곳에 사는 야생동물들을 관찰하거나 보호하려면 조용하고 섬세하게 다가가는 기술이 필요해요. 드론은 바로 그런 상황에서 야생동물을 방해하지 않으면서 멀리서 지켜볼 수 있는 좋은 도구가 되어주고 있답니다.

가령, 아프리카 초원에서는, 드론이 하늘에서 코끼리, 코뿔소 같은 멸종 위기 동물의 위치와 상태를 실시간으로 감시해요. 그 덕분에 밀렵 활동을 조기에 발견하고 대응할 수 있는 시스템이 가능해졌어요. 바닷가에서는 드론이 바다거북의 산란지를 조용히 촬영하며 서식지의 변화나 위험 요소를 분석해요. 이렇게 모은 데이터를 바탕으로 산란지를 어떻게 보호할지, 알을 안전하게 지킬 방법은 무엇일지 구체적인 전략을 세울 수 있어요.

야생동물을 보호하는 일은 그저 '지켜보기'만으로 끝나지 않아

[사진 51] 자연과 함께 하는 드론의 화면.

요. 자연의 숨결을 해치지 않으면서 필요한 정보를 얻고, 그에 맞춰 사람이 어떻게 조심스럽게 도와야 할지를 결정하는 것이 중요하죠. 드론은 그 과정을 더 정밀하고, 더 조용하게, 더 안전하게 도와주는 기술이에요. 이처럼 드론은 야생과 인간 사이의 다리가 되어, 더 많은 생명을 지키는 데 기여하고 있는 중이랍니다.

· 오염 감지, 자연 되살리는 드론

우리 주변의 공기, 물, 땅이 얼마나 깨끗한지 알아보려면 눈으로만 봐서는 알기 어렵죠. 드론은 바로 이럴 때 조용히 하늘에서 움직이며 오염 상태를 실시간으로 측정하고 분석하는 중요한 역할을 하고 있어요.

가령, 중국의 일부 도시에서는 드론이 대기 중 미세먼지나 유해 가스를 감지하고, 오염이 발생한 지역과 원인을 추적하는 데 활용되고 있어요.

사람이 직접 가기 힘든 높은 건물 주변이나 공장 지대도 드론이라면 빠르고 안전하게 확인할 수 있죠. 또, 황폐해진 땅을 되살리는 환경 복원 작업에도 드론이 사용되고 있어요.

'드론 씨앗 분사 기술'이라고 해서, 드론이 식물 씨앗을 공중에서 뿌리며 새로운 숲을 만드는 작업을 도와주고 있어요. 특히 사람이 직접 심기 어려운 산간 지역이나 넓은 사막 지대에서는 이 기술이 큰 도움이 되고 있답니다.

• 도시를 더 똑똑하게, 더 안전하게

도시는 매일 변화하고 움직이는 곳이에요. 교통, 건물, 사람, 행사, 재난…. 이 모든 걸 빠르게 파악하고 효율적으로 관리하는 일은 쉽지 않죠. 그럴 때 하늘 위에서 도시를 바라보는 드론이 스마트하고 빠른 도시 관리의 도우미가 되어주고 있어요.

드론은 교통 흐름을 실시간으로 살펴보고, 어디가 막히고, 어디가 원활한지 분석해요. 그런 데이터를 바탕으로 교통 신호를 조정하거나, 차량 흐름을 분산시키는 데 활용되죠. 가령, 싱가포르나 두바이 같은 도시에서는 드론이 수집한 정보로 혼잡을 줄이고, 더 쾌적한 도시 환경을 만들기 위한 시스템을 운영하고 있어요.

화재, 홍수, 지진 같은 재난 상황에서는 드론이 먼저 날아가 현장을 빠르게 살피고, 구조가 필요한 사람이나 피해 범위를 파악해요. 일본에서는 실제로 드론이 지진 피해 지역을 조사하고 생존자를 찾는 수색 작업에 사용되고 있어요.

또, 대규모 행사나 축제가 열릴 때 드론이 하늘에서 사람들의 움직임을 모니터링해서 혼잡을 줄이고 사고를 예방하는 데도 큰 도움을 주고 있답니다.

이처럼 드론은 환경과 도시 모두를 살피는 눈이자 손이 되어 사람들이 더 안전하고, 더 쾌적하게 살아갈 수 있도록 돕고 있어요.

• 하늘에서 살펴보는 안전

크고 높은 건물, 길게 뻗은 다리, 전선이 연결된 탑… 이런 구조물들은 시간이 지날수록 꼼꼼한 점검이 필요해요. 그런데 사람이 직접 올라가 점검하기에는 위험하기도 하고, 많은 시간과 비용이 들죠. 그래서 요즘은 드론이 대신 그 역할을 맡고 있어요. 드론은 하늘을 날며 건축물의 외관을 촬영하고, 균열이나 부식 같은 이상 징후를 빠르게 찾아낼 수 있어요. 사람이 가기 어려운 곳도

[사진 52] 하늘에서 지켜보는 안전 관리자, 산업용 검사 드론.

가볍게 접근할 수 있어서 더 안전하죠.

공사 현장에서도 드론은 실시간으로 상황을 모니터링해요. 자재가 잘 쌓였는지, 작업이 계획대로 진행되고 있는지 하늘 위에서 한눈에 내려다보며 정확하게 파악할 수 있죠.

실제로 미국과 중국의 대도시에서는 드론을 활용해 고층 건물의 외벽을 점검하거나, 전선을 따라 날아다니며 유지보수 작업을 도와주는 시스템이 운영되고 있어요. 덕분에 시간은 단축되고, 안전성은 높아졌답니다.

드론은 이제 건설 현장과 도시 기반 시설을 지키는 조용한 감시자예요. 높고 넓고 복잡한 공간일수록, 드론의 힘이 더욱 빛을 발하고 있죠. 도시와 사회를 더 튼튼하게 유지하기 위해 앞으로도 드론의 역할은 계속 커질 거예요.

• 드론과 함께 고민해야 할 것들

드론은 환경 보호부터 도시 관리, 전쟁에 이르기까지 사람이 하기 어려운 일들을 대신 수행하며 세상의 문제를 새로운 방식으로 해결해주는 도구가 되어가고 있어요. 특히 사람이 접근하기 어려운 곳, 또는 위험한 상황에서의 임무 수행에서 드론의 능력은 점점 더 주목받고 있죠.

하지만 그만큼, 기술이 가진 힘을 어떻게 쓰느냐에 따라 좋은 결과도, 걱정스러운 결과도 함께 올 수 있다는 점을 우리는 잊지 말아야 해요.

앞으로 드론이 더 많은 사람에게 도움이 되는 기술로 사용되기 위해서, 기술을 개발하고, 사용하는 사람들의 책임 있는 태도와 규칙이 꼭 필요하답니다.

드론이 열어주는 새로운 일과 문화

드론 기술이 발전하면서 우리는 단순히 무언가를 더 빠르고 편리하게 할 수 있게 된 것만이 아니라, 완전히 새로운 일자리와 문화도 함께 만나고 있어요. 예전에는 없던 직업이 생기고, 드론을 중심으로 한 새로운 취미와 커뮤니티, 축제까지 열리고 있죠. 그야말로 드론이 우리의 일과 여가, 삶의 방식 전체를 바꾸는 중이에요.

이번에는 드론이 만들어 낸 새로운 직업과 문화의 모습을 함께 살펴보려 해요. 지금 우리 곁에서 조용히 생겨나고 있는 미래의 일상 풍경, 함께 알아볼까요?

• 드론이 만든 새로운 일, 새로운 기회

드론이 점점 더 많은 곳에서 활용되면서 그와 관련된 새로운 직업들도 함께 생겨나고 있어요. 처음엔 일부 전문가들만 다루던 기술이었지만, 이제는 농업, 방송, 물류, 교육, 환경 등 다양한 분야에서 드론 전문가들이 필요해졌죠.

어떤 일은 기존 직업이 드론 기술을 받아들이며 바뀌었고, 또 어떤 일은 아예 드론 덕분에 처음 만들어진 직업이기도 해요. 즉,

드론은 기존의 일자리를 새롭게 바꾸기도 하고, 완전히 새로운 분야를 열어주기도 하는 거예요.

이제는 드론을 조종하는 것뿐만 아니라, 드론을 설계하고, 수리하고, 교육하고, 분석하는 다양한 역할들이 필요해졌답니다.

• 환경 감시 및 데이터 분석 전문가

드론이 하늘에서 수집하는 정보는 단순한 사진이나 영상이 아니에요. 그 안에는 공기 중의 먼지 농도, 수질 변화, 땅속 습도, 식물의 건강 상태 같은 아주 중요한 환경 정보들이 담겨 있답니다. 이런 정보를 정확히 읽고, 분석하고, 해석하는 사람들이 필요한데요, 바로 환경 감시 및 데이터 분석 전문가예요.

드론이 측정한 대기 오염 수치를 분석해서, 어떤 지역에 어떤 조치를 해야 할지 제안하기도 하고요, 농장에서 드론이 촬영한 작물 사진을 분석해서 "어느 부분에 물이 부족한지", "병해충이 어디에 있는지" 알려주는 일도 해요.

쉽게 말해, 드론이 수집한 데이터는 '눈'이라면, 이 전문가들은 그걸 읽고 활용하는 '두뇌' 역할을 하는 셈이죠. 기후 변화, 환경 보호, 지속 가능한 농업 등 앞으로 점점 더 중요해질 분야에서 이런 전문가들의 역할은 더욱 커질 거예요.

- **드론 물류 시스템 관리자**

요즘은 하늘길을 통해 물건을 배달하는 시대예요. 특히 도심 외곽이나 산간 마을, 혹은 긴급 상황에서의 의약품 배송 등에서는 드론이 누구보다 빠르고 정확하게 움직여 줘야 하죠. 이런 드론 물류가 효율적으로 잘 돌아가도록 설계하고 관리하는 사람들이 있어요. 바로 드론 물류 시스템 관리자예요. 이들은 단순히 드론을 날리는 게 아니라, 어떤 경로로 보내야 빠른지, 날씨나 장애물은 어떤 영향을 주는지, 드론을 언제 점검하고 유지할지 등을 전체적으로 계획하고 운영하는 중요한 역할을 맡고 있어요.

- **건설 및 인프라 점검 전문가**

높은 건물, 다리, 송전탑처럼 사람이 직접 올라가기 어려운 곳을 드론은 쉽게 날아가서 사진을 찍고, 균열을 확인하고, 위험 징후를 찾아줘요. 하지만 이걸 어떻게 해석하고, 어떤 조치를 할지 결정하는 사람이 필요하죠. 그게 바로 건설 및 인프라 점검 전문가랍니다.

이들은 드론이 찍어온 화면을 자세히 들여다보며 건물 외벽에 생긴 작은 틈이나 금을 찾고, 다리 밑부분의 구조 상태를 분석하며, 언제, 어떤 수리를 해야 할지 계획을 세워요. 이 직업은 건설 분야와 기술을 잘 이해하면서도, 드론 조작과 데이터 해석 능력까지 함께 갖춘 사람들에게 딱 맞는 역할이에요.

• 드론 법률 및 규정 전문가

드론이 하늘을 날아다니는 모습은 이제 익숙해졌지만, 그만큼 '어디서, 언제, 어떻게 날릴 수 있을까?'를 정해주는 법과 규칙도 중요해졌어요. 그래서 요즘에는 드론과 관련된 법률과 제도를 전문적으로 다루는 '드론 법률 및 규정 전문가'라는 새로운 직업도 생겨났답니다.

이들은 각 나라의 드론 비행 허용 구역이나 고도 제한, 촬영 관련 규정을 분석하고, 상업용, 교육용, 연구용 드론이 각각 어떤 허

[사진 53] 안전한 하늘을 위한 드론 법률 전문가.

가를 받아야 하는지 알려주고, 법에 어긋나지 않게 드론을 활용할 수 있는 방법을 조언해 줘요. 특히 나라마다 드론에 관한 규정이 달라서 해외에서 드론을 운영하거나 수출입 하는 기업에 꼭 필요한 역할이죠.

드론이 기술적으로 아무리 훌륭해도 사회 안에서 안전하고 책임 있게 사용되려면 이런 법과 제도를 잘 다루는 전문가가 꼭 필요해요. 기술과 사회를 연결해 주는 가교역할을 하는 이 직업은 앞으로 드론 산업이 커질수록 더 중요한 위치를 차지하게 될 거예요.

• 드론 콘텐츠 제작자

사람이 갈 수 없는 길 위를 가로지르는 장면…. 이제는 이런 멋진 장면을 드론으로 누구나 찍고, 공유할 수 있는 시대가 되었어요. 그중에서도 드론을 이용해 영상이나 사진을 전문적으로 촬영하고 콘텐츠를 만드는 사람들, 바로 드론 콘텐츠 제작자라는 새로운 직업이 생겼답니다.

이들은 멋진 자연 풍경을 담은 여행 영상부터, 건축물이나 행사의 순간을 공중에서 기록하는 프로모션 영상, 때로는 유튜브나 SNS를 통해 사람들과 드론 촬영의 즐거움과 노하우를 나누는 콘텐츠까지! 드론 콘텐츠 제작자들은 기술과 감성을 함께 담아내는 영상 크리에이터예요.

[사진 54] 하늘 위의 카메라맨, 항공 촬영 드론.

특히 요즘은 항공 촬영이 가진 독특한 시점 덕분에 많은 사람에게 신선하고 몰입감 있는 콘텐츠로 큰 인기를 얻고 있고, 기업, 지자체, 방송사 등에서도 드론 촬영 전문가를 찾는 경우가 점점 많아지고 있어요. 드론을 조종하는 실력과 세상을 새롭게 바라보는 눈을 가진 사람들. 바로 드론 콘텐츠 제작자는 하늘 위에서 이야기를 전하는 새로운 작가이자 감독이라고 할 수 있어요.

• 드론 교육 문화

이제는 학교에서도 드론이 날고 있어요. 그냥 구경만 하는 게 아니라, 직접 조립하고, 코딩하고, 날려보며 배우는 수업이 점점 많아지고 있답니다. 학생들은 드론을 통해 프로그래밍, 기계 설계, 데이터 분석 같은 다양한 기술을 자연스럽게 익히게 돼요.

무엇보다도, 단순한 이론이 아니라 직접 만들고 움직이며 배우는 경험이기 때문에 창의력과 문제 해결 능력도 함께 자라나죠.

이런 방식은 기존의 칠판 수업이나 교과서 중심 학습과는 다르게, 아이들이 주도적으로 참여하고, 결과를 눈으로 확인하는 재미가 있는 새로운 학습 문화예요. 드론은 이제 교육을 더 재미있고 살아 있는 경험으로 바꿔주는 도구가 되고 있어요.

드론과 윤리적 도전

감시와 사생활, 그 사이에서

하늘에서 내려다보는 세상

드론은 단순히 "하늘을 나는 기술"이 아니에요. 이제는 우리 사회 전반에 걸쳐 일하는 방식, 배우는 방식, 즐기는 방식까지 바꾸며 새로운 흐름을 만들어 가는 존재가 되었죠. 앞으로 드론이 만들어 낼 변화는 아직도 시작일지 몰라요.

중요한 건, 우리가 이 기술을 어떻게 이해하고, 어떤 방향으로

[사진 55] 드론 촬영 금지 표지판.

함께 발전시켜 나갈지에 대한 고민과 선택이랍니다.

특히 드론은 점점 더 똑똑해지고, 더 멀리, 더 선명하게 촬영할 수 있게 되면서 개인의 사생활을 침해할 가능성도 커지고 있어요. 누군가 몰래 드론으로 창문 너머를 촬영하거나, 사전 동의 없이 사람들의 일상을 기록해서 인터넷에 올리는 일도 실제로 일어나고 있죠. 또 드론이 수집한 데이터가 어디에 저장되고, 누가 어떻게 사용하는지에 대한 기준이 불명확하다 보니, 개인정보가 유출되거나 악용될 위험도 존재해요.

기술은 점점 더 빠르게 발전하지만, 그에 걸맞은 법과 윤리, 사회적 합의가 함께 따라오지 않으면 우리는 언제든지 보호받지 못한 채 감시당할 수 있게 될 수도 있어요.

그래서 지금은 단지 드론을 '잘 쓰는 것'보다, 어디까지가 괜찮고, 어디서부터는 조심해야 하는지, 모두가 함께 고민하고 지켜야할 기준을 만드는 것이 훨씬 더 중요해졌어요.

드론이 찍는 사진이나 영상, 그리고 수집하는 각종 정보는 그 자체로 아주 가치 있는 데이터가 될 수 있어요. 하지만 동시에, 그 데이터가 어떻게 쓰이느냐에 따라 누군가에게는 큰 위협이 될 수도 있답니다.

드론으로 수집된 정보가 악의적으로 조작되거나, 허락 없이 유포되면 개인의 일상이 노출되고, 사생활이 침해되는 문제가 생길 수 있어요.

가령, 드론이 촬영한 영상이 인터넷에 무단으로 공유되거나, 주소, 위치, 얼굴, 차량 번호 같은 개인 정보가 담긴 데이터가 해킹으로 유출될 수도 있어요.

드론은 위에서 세상을 바라보는 눈인 만큼, 우리가 눈치채지 못하는 사이에 우리 삶의 한 장면을 기록하고 남길 수 있다는 점에서 특별히 더 주의가 필요해요. 그래서 드론을 쓰는 사람에게는 단순한 조종 능력보다 더 중요한 책임감, 바로 '정보를 어떻게 다루느냐'에 대한 윤리적 기준이 꼭 따라야 해요.

드론으로 인한 사생활 침해 사례는 점점 늘어만 가고 있어요.

미국에서 어떤 집 주인이 하늘에서 맴도는 드론을 발견하고, 자신의 집을 몰래 감시하고 있다며 소송을 제기한 사례도 있었어요. 또 유명인들이 사생활을 보호받지 못하고, 드론으로 촬영된 사진이나 영상이 유출되면서 드론 사용을 제한해달라는 목소리를 내기도 했죠.

이처럼 드론은 누군가에게는 편리한 기술이자 도구이지만, 다른 누군가에게는 심각한 불편과 침해가 될 수 있다는 사실을 보여주는 사례들이에요.

드론이 자주 쓰이게 되면서 사생활 침해는 '개인이 조심하면 된다'는 수준을 넘어서 이제는 사회가 함께 고민해야 할 문제에요. 감시와 사생활의 경계, 어디까지 허용될 수 있을까?

드론은 우리를 지켜주는 **'감시의 눈'**이기도 하지만, 때로는 불쑥 사적인 공간을 들여다보는 **불청객**이 되기도 하니까요. 그래서 지금은 드론의 자유로운 사용과 개인의 권리 보호 사이에서 균형을 어떻게 맞출 것인지에 대한 논의가 활발히 이루어지고 있어요.

점점 더 많은 나라들이 드론의 올바른 사용을 위해 법률과 규정을 정비하고 있어요. 가령, 미국은 연방항공청(FAA)이 드론의 비행 고도, 사용 구역, 등록 의무 등을 정해 관리하고 있고, 일부 주에서는 사생활 침해 우려가 있는 지역에서 드론 사용을 제한하기도 해요.

유럽연합(EU)도 드론을 통해 수집되는 개인정보 보호 지침을 마련해 개인의 권리가 침해되지 않도록 하고 있답니다.

기술이 빠르게 발전할수록, 그걸 어떻게 사용하고, 어디까지 허용할지 정해주는 기준도 더 중요해져요. 드론이 자유롭고 안전하게 날 수 있는 하늘을 만들기 위해서, 이제는 법과 사회가 함께 움직일 때예요.

드론이 아무 데서나 날고, 아무거나 찍을 수 있다면 그건 정말 편리한 기술이 아니라 무서운 기술이 될 수도 있어요. 그래서 요즘은 드론이 사생활을 침해하지 않도록 막아주는 기술도 함께 개발되고 있답니다.

대표적인 예가 **지오펜싱**(Geofencing)이에요. 이 기술은 드론이 특징 구역에 들어가지 못하도록 미리 경계를 정해두는 방식이에요. 가령, 학교, 군사 시설, 개인 주택 같은 곳이 미리 정해진 구역으로 설정되면, 드론은 자동으로 그곳을 피해 날거나 아예 접근하지 않게 되는 거죠.

또 어떤 기술은 드론 카메라의 촬영 각도나 거리 자체를 제한하거나, 특정 신호를 통해 민감한 개인 정보를 자동으로 보호할 수 있는 기능도 연구되고 있어요.

이런 기술들은 드론의 편리함을 유지하면서도 사람들의 프라이버시를 지키는 데 큰 도움이 될 수 있어요.

[사진 56] 드론을 가두는 울타리, 지오펜싱(Geofencing).

하지만 기술만으로는 부족해요. 기술이 아무리 좋아도, 그걸 어떻게 사용하느냐에 따라 결과는 완전히 달라질 수 있어요. 그래서 우리는 단순히 "어떤 기능이 있느냐"보다 "이걸 왜, 어떻게 써야 할까?"에 대한 고민도 함께 해야 해요.

드론이 어떤 목적으로 사용되고 있는지, 그 과정에서 누군가의 권리나 자유가 침해되지 않는지, 그리고 그런 사용을 어떻게 평가하고, 관리해야 할지… 이런 것들을 판단할 수 있는 윤리적인 기준과 사회적 합의가 꼭 필요해요.

드론은 세상을 더 안전하게, 더 편리하게 바꿀 수 있는 기술이에요. 하지만 그 힘이 크기 때문에, 그만큼 신중하게, 책임 있게 다루는 자세도 함께 따라야 하겠죠.

기술과 법, 윤리의 균형 속에서 드론이 모두에게 이로운 방향으로 쓰일 수 있도록 우리 사회는 계속해서 고민하고 준비해 나가야 해요.

전쟁의 주인공이 된 드론

우크라이나-러시아 전쟁

드론이 전쟁이나 무기로 사용되는 이야기를 앞에서 간단하게 얘기했어요. 하지만 이제 드론은 전생의 양상을 순간적으로 뒤바꾸는 엄청난 폭발력을 지닌 첨단 무기가 되었다는 점에서 좀 더 자세하게 살펴볼게요.

2022년에 시작된 러시아-우크라이나 전쟁에서는 수많은 드론이 정찰, 공격, 수색, 심지어 심리전에까지 사용되고 있어요. 이 전쟁은 드론이 단순한 보조 도구가 아니라, 전략의 핵심 무기로 바뀌고 있음을 보여준 대표적인 사례예요.

우크라이나는 군사력 면에서 상대적으로 불리한 상황이었지만,

드론을 똑똑하고 유연하게 활용하면서 전쟁에서 중요한 전환점을 만들었어요. 상업용 드론에 폭탄을 장착하거나, 실시간으로 적 위치를 파악해 포격을 유도하는 등 기존 무기 체계로는 상상하기 어려웠던 방식으로 대응했죠. 심지어 시민들이 기부한 드론이 전선에 투입되기도 했고, 현지에서 3D 프린터로 드론 부품을 만들어 직접 조립하는 움직임도 있었어요.

이렇게 우크라이나는 비교적 저렴한 장비를 창의적으로 활용해 비대칭 전력의 대표적인 사례를 보여줬고, 이는 앞으로의 전쟁 양상에도 큰 영향을 줄 거라는 평가를 받고 있어요.

우크라이나 전쟁에서는 놀랍게도 우리가 취미로 날리는 상용 드론이 실제 전투에서 중요한 역할을 하고 있어요. 우크라이나는 군용 드론뿐만 아니라, 일반 소비자들이 사용하는 드론을 개조해 전장에 투입하고 있습니다. 그중에서도 잘 알려진 브랜드인 DJI사의 쿼드콥터 드론은 적의 위치를 실시간으로 확인하고, 전투 현장을 생생하게 기록하는 데 쓰이고 있어요.

이런 드론은 가격이 비교적 저렴하고, 쉽게 구할 수 있고, 조작도 간단하다는 장점 덕분에 우크라이나 군뿐만 아니라 민간 자원봉사자들도 많이 사용하고 있어요.

특히 소형 드론은 숲이나 건물 사이를 조용히 날아다니며 러시아군의 이동 경로나 포지션을 탐지하고, 그 정보를 바탕으로 정확

[사진 57] 터키의 무인기 바이락타르 TB2(Bayraktar TB2).

한 포격을 유도하는 데 활용되고 있죠.

한 대의 상용 드론이 전장 전체의 흐름을 바꾸는 눈 역할을 하기도 하며, 이처럼 기술과 창의력이 만난 새로운 전쟁 방식은 앞으로의 군사 전략에도 큰 영향을 줄 것으로 보입니다.

우크라이나 전쟁 초기, 전 세계의 관심을 모았던 특별한 드론이 있었어요.

바로 터키산 무인기, **'바이락타르** TB2(Bayraktar TB2)**'**입니다. 이 드론은 단순히 정찰만 하는 게 아니라, 정확하게 목표를 찾아내고, 실제로 공격까지 수행할 수 있는 능력을 갖추고 있어요. 고해상도 카메라를 통해 적의 움직임을 실시간으로 파악하고, 정밀 유도 폭탄을 실어 목표물만 딱 집어서 타격할 수 있어서 방공망이 약한 지역에서는 매우 효과적인 무기가 되었죠. 실제로 우크라이나는 이 드론을 활용해 러시아군의 전차, 차량, 보급소 등을 정확히 공격하며 큰 전과를 올리기도 했습니다.

'바이락타르'는 단순한 무기가 아니라, 작고 민첩한 기술이 어떻게 전쟁의 흐름을 바꿀 수 있는지 보여주는 상징처럼 여겨졌고, 한때 우크라이나에서는 이 드론을 주제로 한 노래와 굿즈까지 등장했을 만큼 사람들의 관심과 응원을 받기도 했어요.

러시아 역시 전쟁에서 드론을 적극적으로 활용하고 있어요. 그중에서도 주목받는 무기가 바로 자폭 드론입니다.

러시아는 이란산 **샤헤드-136(Shahad-136)**' 드론을 사용해 우크라이나의 군사 기지, 전력 시설, 통신 기지 같은 중요한 인프라를 집중적으로 공격하고 있어요. 이 드론의 특징은 가격이 비교적 저렴하면서도, 장거리 비행이 가능하고, 목표에 도달하면 스스로 폭발한다는 점이에요. 즉, 한번 발사되면 사람의 개입 없이 목표물까지 날아가 자폭하는 구조죠.

이 드론은 특히 우크라이나의 전력망과 도시 기반 시설을 마비시키는 전략에 사용되며, 겨울철에는 난방과 통신을 끊어 시민들의 생활을 어렵게 만드는 효과도 노렸습니다. 조용히 날아와 갑자

[사진 58] 이란산 군사용 드론 샤헤드-136(Shahad-136).

기 공격하는 이 드론은 방어하기가 쉽시 않다는 전에서 큰 위협이 되고 있어요. 작고 낮게 날기 때문에 기존의 방공 시스템으로는 미처 대응하지 못하는 경우도 많았고요.

우리는 이 사례를 통해 전통적인 무기보다 훨씬 저렴하고 조용한 무기 하나가 얼마나 큰 영향을 줄 수 있는지를 보게 되었습니다.

그만큼 드론은 이제 전쟁의 무게 중심을 뒤바꿀 수 있는 중요한 수단이 되어가고 있어요.

러시아는 전쟁에서 '눈에 보이는 무기'뿐 아니라, 전파와 신호를 이용한 '보이지 않는 전투'도 함께 벌이고 있어요. 이때도 중요한 역할을 하는 것이 바로 드론입니다. 러시아는 **'재밍 드론'**, 즉 전파 방해용 드론을 사용해서 우크라이나의 통신망을 마비시키거나, 드론 조종 신호를 끊어버리는 전략을 쓰고 있어요.

가령, 우크라이나 드론이 적을 추적하려고 날아가고 있을 때 러시아 드론이 근처에서 강한 전파를 쏘면, 그 신호에 방해받아 조종이 끊기거나 엉뚱한 방향으로 날아가 버리는 일이 생길 수 있어요.

이런 전자전 드론은 직접 무기를 쏘지는 않지만, 상대방의 정보 수집 능력과 통신 체계를 무력화시키는 데 매우 효과적이에요. 즉, 눈에 보이지 않는 방식으로 전장을 장악하는 기술이죠.

러시아-우크라이나 전쟁은 드론이 전쟁터에서 어떻게, 얼마나 다양한 방식으로 사용될 수 있는지를 전 세계에 실시간으로 보여준 사례예요. 정찰, 폭격, 자폭, 전파 방해까지 드론 하나가 전투에서 수행할 수 있는 역할이 상상 이상으로 넓어진 거죠.

하지만 이런 변화는 동시에 새로운 문제들을 함께 안겨주기도 해요. 싸고 간편하게 만들 수 있다는 점은 누구든 손쉽게 전투용 드론을 사용할 수 있다는 의미가 되기도 하고, 민간 드론과 군용 드론의 경계가 흐려지는 상황도 발생하고 있어요. 어떤 드론이 무기인지, 어떤 건 단순한 촬영용인지 구분하기 어려운 경우도 생긴 거예요.

이처럼 드론의 무기화는 전쟁을 바꾸는 강력한 도구이자, 윤리와 안전에 대해 새로운 질문을 던지는 존재가 되었습니다. 앞으로 우리는 이 기술을 어떻게 규제하고, 어떤 기준 아래 사용할 것인지를 함께 고민해야 할 시점에 서 있는 거예요.

자율 공격 드론의 등장

최근에는 드론이 단순히 명령에 따라 움직이는 수준을 넘어서, 인공지능 기술을 결합한 '**스스로 판단하는 드론**'까지 등장하고 있어요. 그 대표적인 예가 바로 **자폭 드론**이에요. 이 드론은 사람이 조종하지 않아도 목표를 자동으로 식별하고, 그곳으로 스스로 날아가 자폭 공격을 수행할 수 있습니다. 기술적으로는 놀라운 진보이지만, 그만큼 우리가 반드시 고민해야 할 문제들도 함께 따라오고 있어요.

자율 무기, 어떤 점이 문제일까요? 우선 **민간인의 피해 가능성**이 있다는 점이에요. 자율 드론이 모든 상황을 완벽히 이해하지는 못하기 때문에, 일반 시민이나 민간 시설이 의도치 않게 공격 대상이 되는 사례도 발생하고 있어요. 정확하다고 믿었던 기술이 오히려 예상치 못한 인명 피해로 이어질 수 있는 거죠.

두 번째는 **윤리적인 물음**을 던져요. "**사람의 생사를 결정하는 판**

단을 기계가 해도 괜찮을까?" 이 질문은 전 세계가 함께 고민하는 가장 민감한 문제예요. 자율 공격 드론은 책임의 주체가 불분명해질 수 있고, 전쟁의 도덕적 기준마저 흔들릴 위험이 있어요.

세 번째는 **기술의 확산 위험**이에요. 이제는 누구나 저렴한 상용 드론을 개조해 공격용으로 활용할 수 있는 시대예요. 이 기술이 테러 단체나 불법 무장 조직 같은 잘못된 손에 들어간다면, 큰 위협으로 이어질 수 있다는 우려도 커지고 있어요.

네 번째는 **전쟁의 장기화**예요. 드론은 인명 피해 없이도 전투를 계속할 수 있어서 전쟁을 멈추지 않고 이어가는 데에 이용될 수 있어요. 이는 결과적으로 충돌과 갈등이 더 오래 지속될 수 있다는 문제로 이어지기도 합니다.

드론 전쟁의 미래

러시아와 우크라이나 전쟁은 우리에게 아주 중요한 사실 하나를 알려주었어요. 바로, 드론 한 대가 전쟁의 흐름을 바꿀 수도 있다는 것이죠. 예전처럼 수많은 병력이 한꺼번에 충돌하는 전쟁이 아니라, 이제는 소형 드론 하나가 조용히 날아가 정찰하고, 정확하게 타격하는 전투 방식이 중심이 되고 있어요.

우크라이나는 상용 드론을 개조해서 전장에 투입했고, 러시아는 자폭 드론과 전자전 드론으로 기반 시설을 공격했죠. 이처럼 작고 값싼 기술이 전쟁에서 큰 역할을 할 수 있다는 사실은 전통적인 무기 체계의 개념 자체를 흔들어 놓았어요. 하지만, 이런 변화는 기술의 빛과 그림자를 함께 드러내기도 했어요.

민간인이 피해를 당하는 사례, 윤리적인 책임이 모호한 자율 무기, 누구나 손에 넣을 수 있는 위험한 기술의 확산… 이런 문제들이 함께 떠오르면서, 드론 전쟁의 미래는 그리 단순하지 않다는 것도 알게 되었죠.

그래서 앞으로는 기술을 어떻게 개발할 것인가보다, 어떻게 책임 있게 사용할 것인가가 더 중요한 질문이 될 거예요.

국제 사회는 이제 드론의 무기화를 막거나 조절하기 위한 법률, 제도, 윤리 기준을 만들기 위해 함께 논의해야 할 때예요. 드론이 만들어 가는 미래는 기술만으로는 완성되지 않습니다. 그 기술을 어떤 가치 위에서 사용하느냐가 진짜 중요한 방향을 결정할 거예요.

기술 발전과 인간의 책임

기술이 발전하는 만큼 인간의 책임도 더 커져요. 드론 기술은 정말 놀라울 만큼 빠르게 발전하고 있어요.

하지만 기술이 발전한다고 해서 모든 게 다 좋은 방향으로만 흘러가는 건 아니에요. 기술이 열어주는 가능성만큼 우리는 그 기술이 어떤 영향을 줄지, 또 그걸 어떻게 사용해야 하는지에 대해 더 깊은 고민과 책임을 함께 가져야 해요.

특히 드론처럼 사람이 아닌 기계가 움직이고 판단할 수 있는 기술은 더더욱 윤리적 기준과 인간 중심의 판단이 필요해요.

누구를 위해 쓰이고 있는지, 어떤 상황에서, 어떤 방식으로 사용되고 있는지, 그리고 그 결과가 사회에 어떤 영향을 미치는지 하나하나 따져보고 책임질 수 있어야 해요.

기술은 도구예요. 그 도구를 좋은 방향으로 이끌어 가는 건 결국 사람의 몫입니다. 앞으로 드론 기술이 더 많은 분야로 확장될수록, 그만큼 우리가 지켜야 할 기준과 가치도 함께 성장해야겠죠.

• 드론이 가져온 변화

좋은 점도 많지만, 함께 풀어야 할 숙제도 있어요. 드론 기술은 우리 사회에 정말 다양한 긍정적인 변화를 가져다주었어요. 하지만 한편으론, 그 발전이 새로운 문제를 만들기도 했죠. 지금 우리는 그 두 가지를 함께 마주하고 있어요.

【드론의 밝은 면】

효율성과 창의성을 동시에 선물했어요. 환경 보호부터 재난 구조까지, 드론은 사람이 접근하기 어려운 곳에서 빠르고 정확하게 상황을 파악하고 대처할 수 있게 도와주고 있어요. 농업에서는 작물 상태를 정밀하게 분석하고, 물류 분야에서는 빠르게 물건을 배달하며 삶의 효율성을 높이는 데 큰 역할을 하고 있어요. 또 한편으로는 예술 공연, 스포츠, 교육 현장에서도 드론은 새로운 창의력의 도구가 되고 있어요. 아이디어만 있다면, 하늘을 배경 삼아 어떤 표현도 가능해진 시대가 열린 거죠.

【드론의 어두운 면】

하지만, 놓쳐선 안 되는 그림자도 있어요. 기술이 커질수록 책임도 함께 커져야 해요. 사생활 침해 문제는 요즘 가장 자주 이야기되는 부분이에요. 드론이 높은 곳에서 조용히 촬영하다 보니, 개인의 집 안이나 사적인 공간까지 무단으로 촬영되는 경우가 생기고 있어요. 가령, 누군가의 창문 너머로 드론이 날아와 영상을 찍고 공유한디면, 그것은 명백한 권리 침해가 될 수 있어요.

드론은 분명히 우리 삶을 더 편리하고 흥미롭게 만들어 주는 도구지만, 그 사용 방식에 따라 누군가에게 불편함과 피해를 줄 수도 있다는 점도 꼭 함께 기억해야 해요. 그 예를 짚어보죠.

[사진 59] 미국의 다목적 공격용 드론 MQ-9 리퍼(MQ-9 Reaper).

• 전쟁과 군사 작전에 사용될 때

드론은 요즘 전쟁터에서 눈과 손, 무기가 되고 있어요. 정찰용 드론은 하늘에서 적의 움직임을 살피고, 공격용 드론은 목표물을 정밀하게 타격하죠. 이런 기술은 군인의 생명을 보호하고, 작전을 더 효율적으로 만드는 데 도움이 돼요. 하지만 동시에, 민간인 피해가 발생할 가능성, 기계가 사람을 판단하고 공격하는 윤리적 문제 같은 중요한 고민도 함께 떠오르고 있어요.

• 기술이 잘못된 손에 들어갔을 때

드론은 누구나 쉽게 구입할 수 있고, 조작도 어렵지 않아요. 이

말은 곧, 범죄에도 악용될 수 있다는 뜻이기도 해요. 불법 촬영, 사생활 침해, 심지어는 드론을 이용한 테러 시도 같은 사례도 보고되고 있어요. 기술이 열린 만큼, 그 기술을 어떻게 지키고 통제할 것인가에 대한 고민도 꼭 필요하겠죠.

• 환경에도 영향을 줄 수 있어요

드론은 친환경적으로 보일 수도 있지만, 대규모로 사용되면 새로운 환경 문제도 생길 수 있어요. 드론이 날 때 발생하는 소음이 야생동물에게 스트레스를 줄 수 있고, 배터리와 전자 부품이 폐기될 때 생기는 환경 오염, 그리고 지속적인 전파 사용에 따른 전자파 문제도 함께 고려해야 해요.

기술은 우리에게 새로운 기회를 주기도 하지만, 그걸 어떻게 사용하느냐에 따라 문제가 될 수도 있다는 점을 우리는 함께 기억해야 해요.

드론 기술이 빠르게 발전하면서 우리는 새로운 기회를 많이 얻게 되었어요. 하지만 그만큼 "이 기술을 언제, 어디에, 어떻게 써야 할까?"라는 책임 있는 판단도 함께 따라야 해요. 이제는 단지 기술이 가능하다는 이유만으로 모든 걸 시도해선 안 되는 시대예요. 좋은 기술을 좋은 방향으로 이끄는 건 결국 사람의 역할이니까요.

• 우리가 꼭 챙겨야 할 한 가지

드론이 우리 일상 깊숙이 들어오고, 심지어 전쟁터에서도 쓰이게 되면서 각 나라들은 드론 사용을 위한 법과 제도를 정비하고 있어요. 가령, 군사용 드론의 자율 공격 기능에 대해서는 국제 사회가 함께 규제 기준을 마련하려는 움직임이 있어요.

또, 개인의 집이나 사생활 공간을 몰래 촬영하는 행위를 막기 위해 비행 가능 구역을 제한하거나, 촬영 허가를 의무화하는 법도 생기고 있어요. 이런 규정들은 기술을 제한하려는 게 아니라, 기술이 모두에게 안전하고 공정하게 쓰일 수 있도록 길을 안내하는 기준이에요.

기술은 끊임없이 새로워지고 우리 삶에 많은 변화를 가져다줄 거예요. 그럴수록 사람이 지켜야 할 원칙과 책임도 함께 성장해야 해요.

그리고 그 첫걸음은 법, 규칙, 윤리 기준을 하나씩 만들어 가며 더 나은 방향으로 함께 고민하는 것이겠죠.

기술이 아무리 뛰어나도 그걸 어떻게 사용하느냐에 따라 누군가에겐 위험이 될 수도 있어요. 특히 전쟁처럼 생명이 오가는 상황에서는 자율 공격 드론 같은 무기화 기술을 어디까지 허용할 것인지, 그 기술이 민간인에게 피해를 주지 않도록 어떻게 막을 것인지에 대한 명확한 윤리 기준과 국제적인 합의가 필요해요.

국제 협약이나 규범을 통해 드론이 무기가 아닌 책임 있는 기술로 활용되도록 함께 지켜야 하는 거죠.

개발자에게도 책임이 있어요. 드론을 만들고 설계하는 사람들도 단순히 기능만 잘 구현하는 데 그쳐서는 안 돼요. 불법 사용을 막는 보안 장치, 위험한 기능을 제한하는 기술 설계, 사용자에게 경고하는 안전 시스템 등은 기술을 개발할 때 처음부터 함께 고려되어야 하는 요소예요.

또한, 개발자 스스로도 "내가 만든 이 기술이 어떻게 사용될 수 있을까?"를 늘 고민하는 책임 있는 자세가 필요하죠.

사용자 교육과 인식 개선도 함께 가야 해요. 기술이 널리 퍼지면 그만큼 많은 사람이 드론을 다루게 돼요. 그래서 드론을 책임 있게, 안전하게 사용하는 문화를 함께 만들어 가는 일도 아주 중요해요.

청소년과 일반 사용자들을 위한 드론 교육, 드론의 장점뿐 아니라 위험성도 함께 알려주는 콘텐츠, 그리고 법과 규정을 쉽게 이해하고 지킬 수 있는 안내 시스템… 이런 노력이 모여야 드론 기술이 사회 전체에 긍정적인 영향을 주는 방향으로 자리 잡을 수 있어요.

기술은 혼자서 움직이지 않아요. 그 기술을 만드는 사람, 사용하는 사람, 그리고 함께 사는 모두의 책임이 모여야 지속 가능하고 안전한 드론 사회가 만들어질 수 있어요.

드론 기술은 앞으로도 계속 발전할 것입니다. 하지만 그 발전이 사회에 긍정적인 영향을 미치기 위해서는 기술 사용에 대한 사회적 합의가 필요합니다.

드론과 문화, 예술

하늘에서 바라본 세상,
우리의 시선을 넓혀준다

드론 촬영은 우리가 평소에 서 있는 자리에서는 절대 볼 수 없었던 완전히 새로운 시각을 선물해 줍니다. 그 덕분에 예술, 미디어, 다큐멘터리, 심지어 일상의 순간까지 더 다채롭고 입체적으로 담아낼 수 있게 되었어요.

드론 촬영, 지상 촬영과 뭐가 다를까요? 드론 촬영의 가장 큰 매력은 바로 **"하늘에서 넓게 내려다보는 시선"**이에요. 건물 위, 숲 위, 협곡과 바다 위까지 사람이 접근하기 힘든 곳도 자유롭게 비행하면서 아주 멋진 장면을 포착할 수 있어요. 기존의 지상 카메라로는 표현할 수 없었던 넓은 풍경, 독특한 구도, 움직이는 대상을 따

[사진 60] 드론으로 찍은 도시의 촬영 사진.

라가는 역동성을 쉽게 연출할 수 있다는 것도 큰 장점이죠.

예술가들은 이 드론의 시선을 그림을 그리듯, 춤을 추듯 창의적인 방식으로 활용하고 있어요. 자연 풍경을 활용한 영상 작품, 도심의 건축미를 부각하는 항공 촬영, 사람의 움직임을 위에서 담아낸 퍼포먼스 영상까지 드론은 이제 예술의 또 다른 눈이 되어가고 있어요.

이처럼 드론은 단순히 '기술'이 아니라 우리가 세상을 바라보는 방식을 바꾸고 있는 창작의 도구랍니다. 하늘에서 바라본 세상, 공간을 새롭게 보는 눈이 되어 줘요.

드론이 만들어 낸 변화 중 하나는 우리가 공간을 바라보는 방식 자체가 달라졌다는 점이에요.

드론은 높이 날 수 있으니까, 지상에서는 절대 볼 수 없었던 넓은 장면을 한눈에 담을 수 있어요. 가령, 도시 위를 날며 촬영한 장면을 보면 우리가 걸어 다니던 거리, 건물 배치, 공원의 구조가 전혀 새로운 그림처럼 느껴지기도 해요. 자연 풍경도 마찬가지예요. 위에서 보면 산의 곡선, 강물의 흐름, 들판의 색감이 하나의 커다란 예술 작품처럼 펼쳐지죠.

이런 시선은 건축 설계나 도시 계획, 환경 조사 같은 전문 분야에서도 공간을 더 정확하고 새롭게 분석하는 데 큰 도움이 되고 있어요.

드론은 단순히 아름다운 영상을 찍는 데 그치지 않아요. 정밀하고 객관적인 시각 정보를 수집하는 도구로도 아주 뛰어나죠.

고도와 각도, 속도를 자유롭게 조절할 수 있어서 사람이 보기 어려운 위치나 상황도 세밀하게 관찰할 수 있어요.

가령, 농업 분야에서는 드론이 작물 위를 날아다니며 잎의 색, 물 상태, 병해충의 흔적까지 감지해 농부가 빠르게 대응할 수 있게 도와줘요.

이처럼 드론은 단순한 '촬영 기계'를 넘어서 정보를 보고, 해석하고, 활용하는 방식까지 바꾸는 존재가 되고 있어요.

[사진 61] 드론이 연출한 새로운 표현 방식의 자연 경관 사진.

드론 촬영은 단순히 '특별한 시점에서 찍는 영상'이 아니라, 예술 그 자체로 인정받는 새로운 표현 수단이 되고 있어요.

여러 대의 드론이 하늘에서 동시에 움직이며 빛과 움직임으로 하나의 장면, 하나의 이야기를 만들어 내는 장면을 본 적 있나요?

수십, 수백 대의 드론이 음악과 함께 움직이며 하늘에 별처럼 무늬를 그리고, 인물이나 상징을 형상화하는 퍼포먼스는 지금 세계 곳곳에서 새로운 예술 장르로 주목받고 있어요.

이런 드론 군집 비행은 기술과 예술, 기획과 감성을 모두 녹여 낸 '움직이는 하늘 위의 미술관'이라고 할 수 있어요.

드론을 활용하면 우리가 평소엔 놓치고 지나쳤던 풍경도 전혀 다른 감성으로 담아낼 수 있어요. 자연도 일상도 예술이 됩니다.

산맥의 굴곡, 논밭의 색감, 도시의 대칭적인 구조까지 드론의 시선으로 보면 그 자체가 회화 작품처럼 느껴지기도 하죠. 예술가들은 이런 시선을 통해 환경의 아름다움이나 인간과 자연의 관계 같은 주제를 색다른 방식으로 이야기하고 있어요.

이처럼 드론은 새로운 시각, 새로운 움직임, 새로운 감정을 담아낼 수 있는 아주 특별한 예술 도구로 자리 잡고 있어요.

예술 속 드론의 날개가 펼쳐지다

드론 기술의 발전은 창작자들에게 전에는 상상만 하던 장면을 직접 찍을 수 있는 도구를 안겨주었어요. 특히 하늘에서 부드럽게 움직이며 촬영할 수 있다는 건, 기존의 카메라 장비로는 불가능했던 표현들을 현실로 만들 수 있게 해준 거죠.

영화 속 드론은 단순한 촬영 장비를 넘어 **'연출의 일부'**가 되었어요. 이제 영화 제작에서 드론은 혁신의 상징처럼 자리 잡았어요.

좁은 골목을 따라 빠르게 이동하는 장면, 수직으로 치솟는 빌딩을 따라 올라가는 카메라, 혹은 도시 전체를 내려다보며 시작하는 장대한 오프닝, 이 모든 장면이 드론 덕분에 현실이 될 수 있었죠.

특히 드론은 헬리콥터보다 훨씬 비용 효율적이고, 크레인보다 훨씬 자유로운 움직임이 가능해서 현장의 감독들과 촬영팀에게는 더없이 매력적인 선택지예요.

드론은 단순히 '위에서 찍는 카메라'가 아니라, 감정을 전달하고, 시선을 이끄는 연출의 일부가 되고 있어요. 관객이 마치 장면 안을 직접 날아다니는 듯한 몰입감을 주는 것 그게 바로 드론이 영화에서 보여주는 새로운 역할이에요.

드론은 다큐멘터리 분야에서도 기존의 촬영 장비로는 담기 어려웠던 장면들을 자연스럽게 포착할 수 있는 강력한 도구로 활용되고 있어요.

특히 넓은 지역이나 외딴 장소, 위험한 환경을 기록해야 할 때 드론은 사람보다 먼저 가서 생생한 화면을 담아올 수 있는 **'하늘 위의 기록자'**가 되어줍니다.

드론 덕분에 이제 다큐멘터리는 단순한 정보 전달을 넘어서 시청자에게 새로운 시선과 감동을 주는 이야기 방식으로 진화하고 있어요.

드론은 단지 현재를 담는 도구를 넘어, 과거를 보존하고 기록하

[사진 62] 자연속 야생 동물을 드론으로 촬영한 사진

는 데도 중요한 역할을 하고 있어요. 특히 유적지나 문화재처럼 넓서나 복잡한 장소는 지상에서는 전체 구조를 담기 어려운 경우가 많죠.

이럴 때 드론을 이용하면 고대 유적지의 구조를 위에서 한눈에 파악할 수 있고, 3D 모델링을 통해 정밀하게 복원하고 보존할 수 있는 자료를 만들 수 있어요.

또한, 사람이 들어가기 어려운 좁은 공간도 정확하게 촬영해서 남겨둘 수 있는 장점이 있습니다.

예술가의 상상이 드론을 통해 공간 속으로 날아갑니다. 드론은

[사진 63] 드론을 이용한 유적지의 3D 모델링 사진.

예술가나 영상 창작자에게 단지 '도구'가 아니라 새로운 시각과 가능성을 열어주는 존재예요. 특히 자유롭게 움직이며 다양한 시점을 만들어 낼 수 있다는 점은 기존의 창작 방식과는 다른 입체적이고 확장된 결과물로 이어지곤 하죠.

드론은 그렇게, 예술가의 상상을 하늘 위에 실어 나르는 조용한 협업자가 되어주고 있어요.

기술이 예술을 만나면, 상상이 현실이 됩니다. 드론을 활용한 드론 쇼, 공중 설치 미술, 항공 사진 예술은 기존의 예술 장르와는 조금 다른, 새로운 표현 방식으로 자리를 잡아가고 있어요.

[사진 64] 군집 드론을 이용한 파손된 유적지 복원 예술.

하늘을 무대로 펼쳐지는 퍼포먼스나 공중에서 움직이는 조형물은 기존 예술로는 담기 어려웠던 시선과 감동을 전해주기도 하죠. 기술과 예술이 만난 이 융합은 앞으로 더 많은 창작의 기회를 열어줄 거예요.

드론은 예술가에게 단순한 도구를 넘어 작업 공간의 제약을 줄이고, 더 안전하고 효율적인 창작을 가능하게 해주는 역할도 합니다. 가령, 영화나 다큐멘터리 현장에서 드론은 비용을 줄이고, 동시에 더 자유로운 촬영과 연출을 가능하게 해주죠.

드론과 문학적 상상력이 만나면

○

인간은 아주 오래전부터 '하늘을 나는 것'을 꿈꿔왔습니다. 이 꿈은 단순히 높은 곳으로 날아오르고 싶다는 바람을 넘어서, 새로운 세상, 미지의 공간, 자유에 대한 갈망을 담고 있었죠. 문학은 이런 열망을 상상력으로 풀어내는 창이 되어왔습니다.

하늘을 날아 새로운 세계로 향하는 이야기들, 그 속에는 인간이 기술을 통해 이루고자 했던 희망과 도전이 담겨 있었어요.

그리고 이제, 드론이라는 기술은 그 상상 속 세계를 현실 속에서 조금씩 구현해 나가는 도구가 되고 있습니다. 하늘을 자유롭게 날아다니는 드론은 문학 속의 상상력을 더욱 풍부하게 하고, 또 다른 이야기의 씨앗이 되어주고 있어요.

하늘을 날고자 하는 인간의 상상력은 예전부터 수많은 신화와 전설, 문학 작품 속에서 아름답게 표현해 왔어요. 어떤 이야기에서는 자유를 향한 갈망으로, 어떤 작품에서는 금기를 넘는 위험한 도전으로, 또 어떤 서사에서는 미지의 세계를 향한 탐험과 발견의 여정으로 하늘을 나는 장면이 등장하곤 했죠.

이 책 맨 앞에 등장한 **'이카로스의 날개'**가 신화 속의 하늘을 향한 꿈을 표현한 대표적인 이야기죠.

이렇듯 인간의 하늘을 향한 꿈은 문학이나 설화의 단골 소재로도 등장하며 인류의 하늘을 향한 꿈을 풍성하게 합니다.

하늘을 자유롭게 떠다니는 **마법 양탄자**가 등장하는 《아라비안 나이트》, 읽어봤죠? 이 작품엔 하늘을 자유롭게 떠다니는 마법의 양탄자가 등장합니다. 이 비행 양탄자는 인간이 만든 기계가 아닌, 완전히 상상력으로만 이루어진 비행 수단이에요. 조종 장치도, 연료나 기계 장치도 필요 없이 그저 생각만으로 어디든 날아가는 마법의 탈것인 이 양탄자는 자유로움, 경이로움, 그리고 어디든 갈 수

[사진 65] 《아라비안 나이트》에 등장하는 비행하는 마법의 양탄자.

있다는 무한한 가능성을 상징하죠.

오늘날 드론이 하늘을 날며 새로운 풍경과 자유로운 이동을 보여줄 때, 우리는 어쩌면 이 오래된 상상 속 양탄자를 현실에서 마주하고 있는지도 몰라요.

동양의 옛 설화에 등장하는 **'선녀'**도 '하늘을 나는 존재'였어요. 선녀는 가볍고 아름다운 옷자락을 휘날리며 하늘에서 내려와 인간 세계에 머물고, 때로는 사랑에 빠지기도 하죠. 하지만 결국 선녀는 다시 천상으로 돌아가야 하는 운명을 지니고 있어요.

이러한 이야기들은 하늘을 단순한 공간이 아닌, 초월적인 세계, 즉 인간의 손이 닿을 수 없는 신성한 영역으로 상상하고 있음을 보여줍니다. '하늘을 나는' 것은 그 자체로 인간과 신성의 경계를 넘는 행위이며, 그 속에는 늘 그리움, 이별, 그리고 경외의 감정이 함께 담겨 있죠.

단테의 《신곡》에도 비행이 나옵니다. 단테는 연인 베아트리체의 안내를 받아 천상의 세계, 낙원(파라다이스)을 여행합니다. 여기에서의 비행은 기계나 날개를 이용한 물리적인 것은 아니지만 시와 상상력, 사랑과 믿음을 통해 점점 더 높은 곳으로 정신을 끌어올립니다.

단테가 향한 하늘은 단순한 공간이 아니라 진리, 아름다움, 구

[사진 66] 단테의 《신곡》 중 천상의 세계를 여행하는 모습.

원에 이르는 여정의 상징이었죠. 하늘은 몸이 날아가는 공간일 뿐 아니라, 생각과 감정, 영혼이 도달하고자 하는 이상향이었습니다.

쥘 베른의 **《지구에서 달까지》** 역시 같은 범주의 상상력이 펼쳐집니다. 인간이 하늘을 나는 것도 쉽지 않던 19세기에 그보다 훨씬 더 멀리 달까지 날아가는 상상을 합니다.

대포를 이용해 인간을 달에 보내는데, 당시로서는 전혀 현실적이지 않았던 이 아이디어를 그는 정교한 과학적 상상력과 문학적 서사로 담아냈어요.

[사진 67] 쥘 베른의 《지구에서 달까지》 중에서 달까지 날아가는 로켓의 모습.

이 작품은 단지 흥미로운 모험 이야기를 넘어서, 비행과 우주 탐사의 가능성을 문학이 먼저 열어주었다는 점에서 오늘날의 우주과학에도 큰 영향을 주었다고 평가받습니다.

쥘 베른의 글을 읽고 자란 사람 중에는 실제로 로켓을 개발한 과학자도 있었고, 달에 가겠다는 꿈을 꾸던 어린이들도 있었죠.

과학소설의 아버지 H.G. 웰스는 《**모던 유토피아**》에서 하늘을 나는 기계를 타고 전혀 다른 세상 즉, 이상적인 사회, 유토피아에 도달하는 상상을 펼칩니다. 여기서 비행은 단순한 이동 수단이 아니라, 지금의 사회를 벗어나 새로운 질서와 가치를 만나는 도구로 등장해요.

웰스는 이 작품을 통해 "과학기술이 단지 기계의 진보에 그치는 것이 아니라, 인간의 사고방식과 사회 구조까지 변화시킬 수 있다"는 생각을 전하고 있죠.

이처럼 하늘로 향하는 상상은 언제나 단순한 공간 이동이 아닌, 인간 내면과 사회에 관한 질문으로 이어지곤 합니다.

이렇듯 작가들은 이 특별한 시점을 빌려 하늘 위에서 벌어지는 이야기를 만들어 내거나, 공중을 배경으로 상상 속 세계를 펼쳐 보이기도 하죠. 드론을 통해 우리가 바라보는 세상의 방향이 바뀌면, 그 안에서 태어나는 이야기 또한 훨씬 더 다채롭고 신선해질 수 있습니다.

하늘을 나는 이야기는 오래전부터 존재했지만, 드론은 그 상상을 현실에 가까운 방식으로 풀어내는 힘을 가졌습니다. 예전에는 상상 속에서만 가능했던 공중 탐험이나 하늘에서 바라본 도시의 모습, 거대한 숲의 흐름을 따라가는 여정들이 이제는 드론이라는 기술을 통해 진짜 이야기로 풀려나갈 수 있게 된 거예요.

그리고 드론은 그런 상상을 구체적이고 생생한 서사로 바꾸어 주는 창문이 되어줍니다. 이 둘이 만나면, 우리는 이전과는 전혀 다른 방식으로 하늘을 날고, 세상을 바라보고, 이야기를 쓰게 됩니다.

하늘을 나는 드론이 열어주는 시선은 문학에도 새로운 이야깃거리를 선물해 주고 있어요. 공중에서 내려다본 복잡한 도시의 모습, 산과 들을 넘어 펼쳐지는 자연의 흐름, 잊힌 유적을 따라 이어지는 탐험의 여정 이 모든 게 이제는 문학의 풍성한 배경이 될 수 있습니다.

특히 디스토피아 소설이나 미래 사회를 그린 작품에서는 드론이 주인공만큼 중요한 역할을 하기도 해요. 감시의 눈이 되기도 하고, 자유를 찾아 떠나는 열쇠가 되기도 하지요.

우리가 세상을 바라보는 방식이 바뀌면 이야기를 상상하는 방법도 달라질 수밖에 없습니다.

그리고 그 변화의 중심에는 드론이 자리하고 있어요.

SF 속 드론은 어떤 역할을 할까

○

SF 문학은 언제나 "미래는 어떤 모습일까?"라는 질문에서 출발

합니다. 그리고 그 상상 속 중심에는 종종 드론이 등장하지요. 하늘을 자유롭게 날며 감시하고, 위험한 우주 행성에 먼저 도착해 환경을 조사하고, 심지어 전쟁터에서 사람 대신 전투에 나서기도 합니다.

드론은 SF 속에서 삶의 방식을 바꾸는 중요한 기술로 자주 그려집니다. 어떤 작품에서는 모든 도시에 드론이 떠다니며 사람들을 감시하고, AI와 결합해 완전히 자율적인 사회를 만들어 내기도 하지요.

반대로, 드론이 인간과 교감하며 협력자로 살아가는 따뜻한 미래를 그린 이야기들도 있습니다. 현실과 닮은 점도 많습니다. SF 속 드론은 감시, 탐험, 구조, 전투, 통신 등 우리가 지금 활용하고 있는 영역을 더 극단적이고 깊이 있게 확장해 보여줍니다.

SF 문학은 결국 기술이 발전한 세상에서 인간은 어떤 삶을 살아갈 것인가, 그리고 그 속에서 우리는 어떤 선택을 해야 하는가를 묻고 있어요.

미래의 드론이 꼭 거대한 기계나 무기가 아닐 수도 있습니다. 어쩌면 우리 곁에서 함께 고민하고 도와주는 존재가 될 수도 있겠지요.

SF 작품 속에서 드론은 종종 사람을 지키는 눈이 아니라, 사람을 지켜보는 눈으로 등장합니다. 특히 전체주의적인 사회를 배경으로 한 이야기에서는 하늘 위를 맴도는 드론이 시민 한 사람 한 사람의 일거수일투족을 감시하죠. 골목길을 누비고, 창문 밖을 맴돌며, 누구와 대화를 나누고 있는지까지 기록합니다.

작품 속 그 세계에서는 드론이 단순한 기계가 아니라 권력의 감시자, 혹은 자유를 제한하는 도구로 사용되곤 합니다. 그 모습은 때로는 섬뜩하고, 때로는 지금 우리가 살아가는 현실과 맞닿아 있기도 하지요.

이렇게 SF 속 드론은, 기술이 어떻게 인간의 삶을 통제할 수도 있는가에 대한 깊은 질문을 던지고 있습니다.

조지 오웰의 소설 《1984》에 나오는 '텔레스크린'을 아시나요? 사람들이 언제 어디서나 감시당하는 세상을 그린 상징적인 장치에요.

요즘 SF 속 드론은 마치 그 텔레스크린을 하늘 위로 띄운 것처럼 묘사되곤 합니다. 하늘을 날며 사람을 추적하고, 대화를 엿듣고, 움직임을 기록하는 드론은 '**보이지 않는 눈**'처럼 등장해요.

특히 이런 설정은 기술이 발전하면 인간의 삶이 편리해지기만 할 거라는 기대에 잠시 멈춰 서서 자유와 감시 사이의 균형을 묻습니다.

드론의 정밀한 감시 능력은 때때로 개인의 자유를 억누르는 상징으로 그려지며, 현실의 감시 사회를 되돌아보게 하는 역할을 하죠.

SF 소설 속 전쟁 장면을 보면, 이제는 사람 대신 드론이 싸우는 시대가 낯설지 않게 그려집니다. 하늘을 가득 메운 무인기, 목표를 향해 스스로 날아가는 자폭 드론, 명령 없이도 판단하고 움직이는 '생각하는 무기'들 말이에요.

이런 이야기에서 드론은 단순한 무기를 넘어 전쟁의 양식을 바꿔놓는 존재로 묘사됩니다. 특히 자율 무기, 즉 인간의 개입 없이 스스로 목표를 감지하고 공격할 수 있는 드론은 등장인물은 물론 독자에게도 질문을 던지죠.

"사람이 내리지 않은 판단으로 누군가의 생명을 앗아가도 되는 걸까?"

전쟁을 더 '효율적으로' 만드는 이 기술이, 과연 더 나은 세상을 향하고 있는지, 아니면 우리가 도덕이라는 브레이크를 놓치고 있는 건 아닌지 SF는 묵직한 물음을 던지고 있습니다.

필립 K. 딕의 《두 번째 변종》에서는 자율적으로 진화하는 전투 드론이 인간을 위협하는 존재로 묘사되고 있어요.

드론이 전장에서 사용되면서 인간 병사는 점점 더 후방으로 밀려나고, 대신 기계들이 싸우는 미래 사회가 그려지기도 합니다.

SF 속 드론은 단지 하늘만 나는 게 아닙니다. 우주 넘어 미지의 세계까지 훨훨 날아갑니다.

인간이 가기엔 너무 위험하거나, 아직 발을 디디지 못한 외계 행성들 그곳에 먼저 보내지는 건 바로 드론이에요.

가령, 아서 C. 클라크의 《**라마와의 랑데부**》에서는 정체불명의 거대한 우주선 안을 인간 대신 드론이 먼저 탐사합니다. 혼자서 내부를 떠다니며 데이터를 모으고, 그 신비로운 우주선의 비밀을 하나씩 밝혀가는 거죠.

이처럼 드론은 인간이 닿을 수 없는 세계를 대신 탐험하는 조용한 개척자로 등장합니다. 언제 어디든, 위험을 무릅쓰지 않고도 우리는 드론을 통해 새로운 세상을 엿볼 수 있게 된 거예요.

드론이 열어주는 미래의 명암

○

드론이 할 수 있는 일은 탐험만이 아니에요. 정보를 모으고, 전달하고, 심지어 해킹까지! 미래 사회에서 드론은 움직이는 정보망처럼 그려지곤 하죠.

사이버펑크 장르의 대표 작가 윌리엄 깁슨의 작품들에선, 드론이 마치 첩보원처럼 활약합니다. 도심의 하늘을 날며 사람을 감시하고, 몰래 데이터를 훔쳐내거나 적의 네트워크를 해킹하는 거죠.

이런 모습은 드론이 단순히 날아다니는 기계를 넘어 정보 시대의 눈과 귀로 활약하는 미래를 보여줍니다.

SF 속 미래에서 드론은 단순한 기술 장비를 넘어, 일상을 끊임없이 관찰하는 눈으로 등장하곤 합니다. 하늘 위에서 조용히 날아다니며 사람들의 행동을 기록하고, 누구를 만나고 무엇을 하는지 감시하는 사회. 그 속에서 시민들은 더 이상 자유롭지 못합니다. 레이 브래드버리의 《화씨 451》라는 작품 속 드론은 책을 숨기고 있는 사람을 찾아내기 위해 하늘을 누빕니다. 하늘을 나는 기계는 기술의 상징이자 억압의 상징으로 바뀌죠. 이런 세계는 우리에게 묻습니다.

"기술이 발전한 사회에서, 우리는 정말 더 자유로워졌을까?"

전투 현장에서 사람 대신 드론이 싸우는 모습은 SF에서 자주 다뤄지는 테마입니다. 특히 자율 드론이 스스로 판단해 공격을 결정하는 사회에선 인간의 역할이 점점 작아지고, 윤리와 도덕은 효율성 앞에 밀려나게 됩니다.

이런 세계에서는 인간은 단지 명령을 내리거나 기계가 내린 판단에 의존하는 존재로 남습니다. 기술이 인간의 손을 떠났을 때, 그 책임은 누가 져야 할까요?

하지만 SF 속 드론이 언제나 어둡게만 묘사되진 않아요. 우주를 탐험하거나, 극한 환경을 조사하는 이야기 속 드론은 인류의 지식과 이해를 넓혀주는 '날개' 역할을 하기도 하죠. 거친 행성의 표면을 탐사하거나, 빙하 아래 숨겨진 생명체를 찾는 데 쓰이는 드론은 기술이 인간의 한계를 어떻게 넘어서는지를 보여주는 존재입니다. 이때 드론은 단순한 도구가 아닌, 호기심과 용기의 상징이 됩니다.

어떤 이야기에서는 드론이 인간의 협력자로 등장하기도 합니다. 가령, 부상자를 실시간으로 구조하거나 아이들에게 하늘을 나는 과학을 가르쳐주는 교육용 드론처럼 말이죠.

이런 장면은 기술이 인간의 삶을 더 따뜻하고 풍요롭게 만들어가는 가능성을 보여줍니다.

드론은 단순히 우리 위를 나는 기계가 아니라, 우리와 함께 걷고, 배우고, 생각하는 미래의 동료가 될 수도 있는 거죠.

드론은 SF 문학 속에서 단순한 기계가 아닌, 미래 사회를 비추는 하나의 창처럼 그려집니다. 하늘을 날며 정보를 모으고, 새로운 땅을 탐사하고, 때론 전장의 무기로, 때론 사람을 도와주는 조력자로 등장하죠.

이처럼 드론은 인간의 능력을 확장하는 동시에, 우리 사회가 맞이할 기회와 위험을 함께 품은 존재입니다.

드론이 보여주는 미래는 단순히 '편리함'에만 그치지 않습니다.

사람이 갈 수 없는 곳을 대신 다녀오고, 복잡한 환경에서도 신속하게 임무를 수행하는 드론은 기술이 얼마나 큰 가능성을 품고 있는지 보여줍니다.

하지만 그 가능성은 늘 밝은 쪽만을 향하지는 않아요. 감시와 통제, 자동화된 전쟁, 인간 소외와 같은 그림자도 함께 따라붙는 게 현실입니다. 그래서 SF 속 드론은 우리에게 자꾸만 묻습니다.

"기술이 발전하면 할수록 우리는 정말 더 나은 세상에 살게 되는 걸까?"

드론이 자유롭게 하늘을 나는 시대, 그 기술이 누군가를 지켜볼 수도, 위협할 수도 있다는 사실을 우리는 결코 간과할 수 없습니다.

그래서 더욱 필요한 것이 있죠. 바로 윤리적 기준과 사회적 책임입니다. 우리가 드론을 어떻게 쓰고, 어떻게 다룰 것인지에 관한 생각과 선택, 그리고 규범과 법이 함께 발전해야 합니다.

드론, 인간의 상상력까지 바꾼다

드론이라는 기술이 등장하면서, 우리가 이야기를 **'어떻게'** 그리고 **'어디서'** 펼쳐나갈 수 있는지에 대한 상상이 완전히 달라졌습니다.

과거에는 상상으로만 가능했던 장면들, 예를 들면, 하늘에서 도시 전체를 내려다보거나, 거대한 숲을 빠르게 훑는 장면이 이제는 드론 덕분에 현실이 된 것이죠. 드론은 이야기의 방식과 무대, 두 가지 모두를 바꾸어 놓았습니다.

[사진 68] 드론으로 촬영한 광활한 자연 풍경.

예전에는 이야기가 주로 지상에서 벌어졌어요. 하지만 드론이 등장하면서 하늘이 새로운 무대가 되었습니다. 높은 고도에서 바라본 도시, 구불구불한 산맥 위를 가로지르는 비행, 수면 위를 미끄러지듯 날며 펼쳐지는 바다 장면까지 이제 이야기의 시점은 더 넓고 입체적으로 되었죠.

이러한 시점 변화는 단순한 **'장소 전환'**이 아니라, 이야기 전체의 분위기와 감정선까지 바꾸는 힘을 가졌습니다.

드론은 빠르고 민첩하게 움직일 수 있어서 스토리텔링에서도 공간을 크게 확장하거나, 압축할 수 있어요. 한 마디로, 이야기의 **'무대 전환'**을 훨씬 자유롭고 자연스럽게 만들 수 있게 된 거죠.

이처럼 드론의 시점으로 이야기를 펼쳐 보이면, 공간을 단순한 배경이 아닌 이야기의 흐름을 이끄는 주요 요소로 활용할 수 있게 되죠.

결국 드론은 스토리텔링을 더 풍부하고 입체적으로 표현할 수 있는 새로운 문을 열어주는 도구가 되어주고 있습니다.

우리는 흔히 이야기 속에서 사람의 눈, 사람의 감정, 사람의 시선에 기반한 장면을 많이 보게 되죠.

하지만 드론의 시점은 이와 달리, 감정 없이 관찰하고 기록하는, 마치 중립적인 시선을 가질 수 있습니다.

가령, 자연 다큐멘터리에서는 드론이 숲 위를 유유히 날며, 인간이 닿을 수 없는 장소의 풍경을 고요하게 담아냅니다. 그 속에는 감탄도, 두려움도, 판단도 없습니다. 단지 있는 그대로를 보여주죠. 이런 시점은 우리가 평소에 경험하지 못했던 새로운 감각을 전달해 줍니다.

또한 기술적인 분석이나 정보 수집이 필요한 상황에서도 드론의 시점은 감정 없이 냉정하고 정확하게 데이터를 수집합니다. 이러한 '거리 두기 된 관찰'은 인간 중심의 시선과는 다른 방식으로 세상을 이해하도록 도와줍니다.

결국, 드론은 이야기 속에서 인간의 감정이나 주관을 잠시 내려놓고, 세상을 더 넓고 객관적으로 바라보는 시선을 만들어 주는 역할을 하고 있습니다.

드론이 가진 가장 흥미로운 능력 중 하나는 '보이지 않던 곳을 들여다볼 수 있다'는 점입니다. 우리가 쉽게 들어갈 수 없는 공간, 접근하기 어려운 장소…. 그곳은 어쩌면 아직 이야기가 쓰이지 않은 숨겨진 무대일 수 있습니다.

가령, 사람의 발길이 닿지 않는 폐허가 된 도시 한복판, 혹은 깊은 산속에 묻혀 있던 고대 유적 이런 장소를 드론이 먼저 날아가 비추는 장면은 그 자체로 하나의 새로운 이야기의 시작이 됩니다.

드론이 하늘에서 아래를 내려다보며 낡은 건물의 흔적이나 길을 잃은 흔적을 따라가는 장면을 떠올려 보세요.

[사진 69] 좁은 실내를 탐사하는 드론.

그 순간, 우리는 그 장소에 어떤 일이 있었는지 궁금해하고, 상상하며, 이야기를 이어가게 됩니다.

또한 드론의 시선은 단지 보여주는 데 그치지 않고, 미스터리와 긴장감을 더해줍니다. 좁은 동굴 입구, 붕괴된 다리 아래, 숲 사이로 난 작은 길 사람이 직접 가기엔 위험하거나 불가능한 공간도 드론은 침착하게 탐색해 줍니다.

이러한 장면들은 이야기 속에서 숨겨진 비밀이나 진실이 조금씩 드러나는 긴장감 있는 구조를 만들 수 있습니다. 결국 드론은,

숨겨져 있던 이야기의 문을 열어주는 열쇠 같은 존재라고 할 수 있겠습니다.

드론은 단순한 이야기 전달 수단이 아닙니다. 이야기를 '만드는 존재'로 진화하고 있습니다.

앞으로 드론은 이야기의 형식을 바꾸고, 경험의 깊이를 더하며, 예술과 상상력을 더욱 확장해주는 새로운 이야기의 창이 되어줄 것입니다.

드론은 이제 단순히 공중을 나는 기계가 아니라, 디지털 기술과 결합해 이야기의 공간을 확장하는 존재가 되었습니다.

가령, 가상현실(VR) 안에서 드론의 시점으로 세상을 바라보며 이야기를 '탐험'할 수 있고, 증강현실(AR)을 통해 우리가 있는 공간 위에 드론의 움직임을 덧입혀 새로운 형태의 상호작용이 펼쳐지기도 합니다.

이처럼 드론은 VR·AR과 함께 더 깊이 몰입할 수 있는 이야기의 세계를 만들어 가고 있습니다. 이야기를 '**읽는**' 것이 아니라, 직접 '**경험하는**' 시대로 우리를 안내하는 것이죠.

드론은 장르에 얽매이지 않습니다. SF의 미래, 판타지의 상상, 스릴러의 긴장감, 다큐멘터리의 진실 어느 곳에서도 드론은 이야기를 전개하는 중요한 도구가 됩니다.

특히 드론 특유의 '**시점**'과 '**움직임**'을 활용하면 현실과 상상의 경계를 허물고, 독자나 관객에게 완전히 새로운 방식의 스토리를 경험하게 만들 수 있습니다.

드론은 우리가 상상만 하던 장면들을 현실에서 구현이 가능한 이야기로 바꾸고 있습니다. 한때는 가능하지 않다고 여겨졌던 이야기 구조들, 하늘을 무대로 한 장면, 공간을 넘나드는 시점, 복수의 세계를 동시에 보여주는 연출, 이제 드론을 통해 실제로 구현할 수 있게 된 것입니다.

앞으로 드론은 더 많은 장르와 기술, 예술과 결합하면서 이야기를 보는 방식, 만드는 방식, 그리고 느끼는 방식까지 새롭게 바꿔갈 것입니다.

드론은 더 이상 '도구'가 아니라, 이야기 자체의 일부가 되어가고 있습니다.

미래를 향한 드론의 비행

드론과
인공지능

스스로 판단하고 움직이는 드론

예전에는 드론이 하늘을 날기 위해 사람이 조종기를 들고 있어야 했습니다. 하지만 요즘은 상황이 달라졌습니다.

이제 드론은 인공지능과 센서를 통해 스스로 비행하고, 임무를 수행하는 단계로 나아가고 있습니다.

복잡한 도시 한가운데든, 산불이 번지는 험한 지형이든 **자율 비**

행 드론은 주어진 환경을 파악하고, 경로를 계산하며, 어떤 일이 벌어져도 스스로 상황에 맞게 판단할 수 있는 능력을 갖추고 있습니다.

자율 드론은 인공지능 덕분에 점점 더 똑똑해지고 있습니다. 실시간으로 주변을 관찰하고, 데이터를 학습하면서 "어떻게 가는 것이 가장 빠를까?", "지금은 어떤 선택이 더 안전할까?"를 스스로 판단해 움직일 수 있게 된 것이죠.

가령, 자연재해가 발생한 현장에서 드론은 구조가 필요한 사람을 찾고, 장애물을 피해 가며 가장 효율적인 경로를 실시간으로 계산해 이동할 수 있습니다.

이렇게 드론이 스스로 배우고, 판단하고, 움직일 수 있는 범위는 앞으로 더 넓어질 것입니다.

이제 드론은 단순히 하늘을 나는 기계가 아니라, 자기 주변을 스스로 보고 판단할 수 있는 똑똑한 장치가 되어가고 있습니다.

드론에는 **'라이다(LiDAR)'나 초음파 센서, 열 감지 센서** 같은 정밀한 장비가 탑재되어 있어서, 앞에 장애물이 있는지, 어디로 가야 안전한지를 스스로 확인할 수 있습니다.

가령, 골목길처럼 좁은 공간에서도 "어디로 가면 부딪히지 않을까?"를 판단하고, 스스로 방향을 바꾸며 안전하게 비행할 수 있게 된 것이지요.

특히 도시처럼 복잡한 공간이나, 숲속 같은 자연환경에서도 드론이 스스로 길을 찾을 수 있도록 여러 가지 감지 기술이 함께 쓰이고 있습니다.

요즘 드론은 혼자서만 움직이지 않고, 여러 대가 함께 힘을 합쳐 움직이는 '팀워크 드론'도 등장했어요. 가령, 열 대, 스무 대의 드론이 한꺼번에 하늘을 날며 서로 정보를 주고받으면서 넓은 지역을 동시에 조사할 수 있게 된 거죠.

이런 방식은 건설 현장이나 넓은 숲, 농장에서도 아주 유용해요. 드론들이 서로 협력하면서 빠르고 정확하게 일할 수 있답니다.

또 자율 비행 드론은 사람이 가기 힘든 곳에서 우리 대신 환경을 조사하고 자연을 지키는 일도 하고 있어요. 가령, 사막 한가운데나 높은 산 속, 깊은 숲에서 드론이 스스로 날아다니며 동물들의 움직임을 관찰하거나 기후 변화로 숲이 얼마나 줄어들고 있는지 살펴볼 수도 있지요.

사람이 직접 가기 어렵고 위험한 곳까지 드론이 대신 가서 안전하고 꾸준히 관찰해 줄 수 있다는 게 가장 큰 장점이에요.

지진이 나거나, 큰 홍수가 나고, 산불이 번지는 위험한 상황이 생기면 사람이 직접 들어가기엔 너무 위험한 지역이 많아요. 이럴 때 자율 비행 드론이 먼저 날아가 상황을 빠르게 파악해 줍니다.

무너진 건물 위를 날며 사람이 어디에 갇혀 있는지 찾아주기도 하고, 불이 얼마나 번졌는지, 물이 어디까지 찼는지 알려주기도 해요.

드론이 보내준 정보를 바탕으로 구조대가 더 안전하고 빠르게 움직일 수 있는 거죠. 특히 드론은 사람이 들어가기 힘든 위험한 곳에서도 멈추지 않고 꼼꼼하게 주변을 관찰할 수 있어서 생명을 구하는 데 아주 중요한 역할을 한답니다.

앞으로는 드론이 도시를 돌보는 도우미 역할을 할지도 몰라요. 자율 비행 드론은 사람의 조종 없이도 스스로 하늘을 날아다니며 도시를 살펴볼 수 있답니다.

가령, 높은 건물 외벽에 금이 간 건 아닌지, 교통이 막히는 곳은 어디인지, 도로에 이상이 생기진 않았는지 등을 드론이 대신 확인해 주는 거예요.

이렇게 드론이 수집한 정보는 도시를 더 안전하고 똑똑하게 관리하는 데 쓰이죠. 이런 도시를 사람들은 '스마트 시티'라고 부르기도 해요.

드론이 하늘에서 끊임없이 관찰하고, 문제가 생기면 미리 알려주기 때문에 앞으로의 도시는 훨씬 더 편리하고 안전해질 거예요.

드론은 지구에서만 날지 않아요. 요즘은 우주 탐사에도 드론이 활약하고 있어요! 가령, 사람이 직접 가기 힘든 외계 행성의 땅을 조사하거나 화산처럼 위험한 지형을 살펴보는 데도 드론이 사용돼요.

[사진 70] 지구 밖에서 처음 하늘을 난 NASA의 드론 인제뉴어티(Ingenuity).

드론은 로봇처럼 혼자 판단하고 움직일 수 있어서 지구 밖에서도 우주비행사를 대신해 탐험할 수 있어요.

실제로 화성에 간 NASA의 드론 **'인제뉴어티**(Ingenuity)**'**는 지구 밖에서 처음으로 하늘을 난 드론이랍니다!

자율 비행 드론이 발전하면, 사람들의 생활도 크게 바뀔 수 있어요. 좋은 점은 위험한 일은 드론이 대신하고, 더 빠르고 똑똑하게 할 수 있어요.

그러나 걱정되는 점은 드론이 너무 많은 정보를 수집하면, 사람들의 사생활이 침해될 수도 있어요. 그래서 우리는 드론을 어떻게, 어디에, 왜 쓰는지 잘 생각하고 조심스럽게 사용하는 법을 배워야 해요.

앞으로의 사회에서는 사람과 드론이 함께 협력하며 더 많은 일을 해낼 수 있을 거예요. 드론은 사람의 일을 도와주는 똑똑한 도구가 되고, 사람은 드론에게 창의력과 감성을 더해 새로운 가치를 만들어낼 수 있어요. 특히 예술, 교육, 환경, 산업 등 다양한 분야에서 드론의 역할은 점점 더 중요해질 것이에요.

드론은 기술 그 이상이에요. 자율 비행 드론은 단순한 기계가 아니라, 사람의 상상력과 기술이 만나서 만들어 낸 새로운 친구예요.

이제 우리는 드론과 함께 어떤 미래를 만들지, 어떻게 함께 살아갈지 고민할 시간이 왔어요. 앞으로 드론은 단지 하늘을 나는 기계가 아니라, 사람과 함께 미래를 열어가는 중요한 존재가 될 거예요.

인간과 AI 드론이 함께하는 세상

О

요즘 드론은 단순히 조종하는 기계를 넘어서, 스스로 생각하고 판단할 수 있는 인공지능(AI)을 갖춘 똑똑한 친구로 발전하고 있어요.

AI 드론은 사람과 함께 팀처럼 협력하며 더 멋진 결과를 만들어 내는 시대가 열리고 있어요.

AI 드론과 사람은 어떻게 협력할까요? 사람은 창의적인 아이디어와 직접적인 판단을 잘하고, 드론은 빠르게 정보를 수집하고 정확하게 분석하는 걸 잘해요. 이 두 능력이 합쳐지면, 사람 혼자서 할 수 없던 어려운 일들도 더 쉽고 효율적으로 해낼 수 있죠.

가령, 건설 현장에서는 드론이 건물 외벽을 날아다니며 상태를 확인하고, 사람이 그 데이터를 보고 안전하게 설계나 수리를 결정해요.

이처럼 AI 드론은 사람이 놓칠 수 있는 부분을 꼼꼼히 살펴주는 조력자예요.

옛날 건축물이나 유적 같은 문화유산은 우리가 꼭 지켜야 할 소중한 자산이에요. 하지만 오래된 건물은 무너질 위험도 있고, 사람이 직접 다가가서 살펴보는 게 어렵고 위험할 때도 많죠. 이럴 때 AI 드론이 사람을 도와주고 있어요.

여기서 드론은 어떤 일을 할까요? 고대 건축물이나 유적에 날아가서 벽이나 지붕의 상태를 3D로 정밀하게 촬영하고, 작은 균열이나 손상까지도 자동으로 찾아내요.

사람과 드론이 함께 문화유산을 지켜요. 사람은 드론이 찍어온 데이터를 바탕으로 어떤 부분을 먼저 고쳐야 할지 계획을 세우고,

[사진 71] 유적지를 검사하는 드론.

더 정확하고 안전하게 복원 작업을 진행할 수 있어요.

드론은 사람이 다가가기 어려운 높은 탑, 오래된 성벽, 무너질 위험이 있는 벽화 등을 살펴보는 스마트한 눈이 되어주고 있는 거예요.

학교와 연구실에서도 드론이 함께해요. 드론은 교육과 과학 연구에서도 중요한 역할을 하고 있어요. 드론과 함께 배우는 수업은 학생들은 직접 드론을 프로그래밍해보면서, 드론이 정해진 임무를 수행하도록 만드는 방법을 배워요. 이 과정을 통해 문제를 해결2는

[사진 72] 교육용 드론 프로그램 (예시).

능력과 창의력을 함께 키울 수 있어요.

과학자들은 드론을 이용해 자연환경 데이터를 수집하거나, 사람이 직접 하기 힘든 실험을 자동으로 수행하도록 만들어요. 이렇게 하면 연구자들이 더 넓은 지역에서 빠르게 데이터를 모으고, 새로운 실험 아이디어를 더 쉽게 실현할 수 있어요.

사람과 AI 드론이 함께하면 좋은 점은 뭘까요? 사람과 AI 드론이 서로 힘을 합치면, 혼자서는 하기 어려운 일을 더 잘 해낼 수 있어요. 드론의 빠르고 정확한 기술, 그리고 사람의 창의적인 아이디어가 만나면 멋진 결과가 나올 수 있죠.

더 빠르고 정확하게 일할 수 있어요. 드론은 사람이 가기 힘든 높은 곳이나 좁은 공간도 쉽게 날아다니며 탐색할 수 있어요. 같은 일을 반복해서 정확하게 할 수 있어서, 시간을 아끼고 실수도 줄일 수 있죠.

사람은 드론이 모은 정보를 바탕으로 더 깊이 있는 분석을 하거나 새로운 아이디어를 떠올릴 수 있어요.

위험한 곳에서도 안전하게 작업할 수 있어요. 드론은 사람이 가기 위험한 방사능 지역, 사막, 북극, 또는 전쟁터에서도 대신 날아가서 사진을 찍거나 정보를 모으는 역할을 해줘요. 이 덕분에 사람들은 위험하지 않게 필요한 자료를 얻을 수 있어요.

드론과 함께하면, 더 똑똑한 분석이 가능해요. AI 드론은 빠른 속도로 많은 정보를 수집하고 정리할 수 있어요. 사람은 그 정보를 바탕으로 깊이 있는 생각이나 아이디어를 떠올릴 수 있죠.

가령, 드론이 산속에서 사진을 찍고 오면, 과학자나 선생님이 그걸 보고 어떤 동물이 살고 있는지, 숲이 얼마나 건강한지 등을 분석할 수 있어요.

하지만 함께하는 데에도 어려움이 있어요. 너무 드론만 믿게 되면? 모든 걸 드론에게 맡기면, 사람이 스스로 생각하고 판단하는 능력이 줄어들 수 있어요. 문제가 생겼을 때 누가 책임질지 애매해질 수도 있죠.

드론도 실수할 수 있어요. 드론은 똑똑하지만, 예상하지 못한 상황이나 날씨처럼 어려운 환경에서는 실수할 수 있어요. 그래서 아직은 사람의 판단이 꼭 필요해요.

앞으로 어떻게 발전할까요? 사람과 드론은 서로의 부족한 점을 도우며 점점 더 잘 협력하게 될 거예요. 새로운 기술이 계속 나오면, 드론도 더 똑똑해지고, 사람은 더 멋진 아이디어를 떠올릴 수 있겠죠.

미래에는 사람과 드론이 함께 환경을 보호하거나, 예술을 만들거나, 문제를 해결하는 일이 더 많아질 거예요!

기술이 더 나아가면, 우리의 삶도 달라져요. AI 드론처럼 똑똑한 기술은 사람들의 삶을 더 편리하고 풍부하게 만들어 줄 수 있어요.

가령, 드론이 구조 활동을 도와주거나, 환경을 살피거나, 예술을 표현하는 데 쓰이면서 우리는 전에 없던 새로운 기회를 만나게 됩니다.

하지만 기술만 발달한다고 좋은 건 아니에요. 기술이 빠르게 발전할수록, 어떻게 써야 할지, 어디까지 허용할지, 누가 책임질지 같은 중요한 약속과 규칙도 함께 만들어져야 해요.

가령, 드론이 사람을 몰래 촬영하거나, 전쟁에 쓰이게 된다면 기술이 사람에게 해를 줄 수도 있겠죠.

미래에는 기술이 더 발전하겠지만, 그 기술을 어떻게 사용하느냐는 결국 사람에게 달려 있어요. 우리가 책임감 있게 기술을 사용하고, 다른 사람을 배려하는 마음을 가진다면 기술도 우리 사회에 더 좋은 영향을 줄 수 있을 거예요.

재난 관리와 구호에서 드론의 역할

지진, 홍수, 산불, 태풍 같은 자연재해는 예상하지 못한 순간에 큰 피해를 줍니다. 이럴 때 빠르고 정확한 대응이 사람의 생명을 살리고 피해를 줄이는 데 중요해요.

드론은 재난 전·중·후 모든 단계에서 중요한 역할을 하고 있으며, 앞으로 더 많이 활용할 전망입니다.

[드론의 재난 대응 단계별 역할]

재난 전: 위험 지역 감시와 예측

드론은 고해상도 카메라와 센서를 활용해 위험한 지역을 미리 촬영하고 분석해요. 가령, 산사태가 날 수 있는 산, 물이 넘칠 수 있는 강 주변을 조사해 대피 계획을 세우는 데 도움이 됩니다. AI 와 결합한 드론은 예전 데이터를 분석해 재난 가능성을 미리 경고해 주기도 해요.

재난 중: 현장 정보 파악과 구조 지원

사람이 접근하기 어려운 무너진 건물이나 물에 잠긴 지역을 드론이 날아가 실시간 영상을 보내요. 열 감지 센서가 달린 드론은 사람의 체온을 감지해서 생존자 위치를 빠르게 파악할 수 있어요. 구조대는 드론이 보내준 정보를 바탕으로 어디를 먼저 구해야 할지 결정해요.

재난 후: 피해 조사아 복구 작업

드론은 넓은 지역을 짧은 시간 안에 촬영해 피해 규모와 유형을 빠르게 파악해요. 가령, 침수된 범위, 무너진 건물의 모습을 3D로 재구성해서 복구 순서를 정하는 데 활용돼요. 도로나 교통이 막힌 지역에는 구호 물품을 드론이 직접 날라주는 일도 가능해요.

[실제 사례로 보는 드론의 구호 활동]

네팔 지진(2015)

2015년, 네팔에서 강력한 지진이 발생해 수많은 건물이 무너졌습니다. 이때 드론은 빠르게 투입되어 큰 도움을 주었어요. 소형 드론들이 헬리콥터보다 더 빠르고 쉽게 붕괴된 지역을 촬영했어요. 드론이 찍은 고화질 사진과 영상은 실시간으로 구조대에 전송됐고, 구조대는 그 자료를 바탕으로 어디에 사람이 있을지, 어디부터 수색할지를 빠르게 결정할 수 있었어요.

이 사례는 드론이 재난 현장에서 정확하고 신속한 정보 수집

[사진 73] 네팔에서 지진 구호 활동중인 드론.

도구로 얼마나 유용한지를 잘 보여줍니다.

호주 산불(2019~2020)

2019년부터 2020년까지 호주에서는 역대급 대형 산불이 발생했습니다. 이때 드론이 공중에서 화재를 모니터링하며 소방 활동에 큰 도움을 줬어요. 드론은 불길의 확산 방향, 연기의 농도, 아직 불 타지 않은 숲의 위치 등을 실시간으로 파악했어요. 특히 사람이나 차량이 들어가기 어려운 지역에서 드론이 정보를 대신 수집해 줬습니다.

그 결과, 소방대는 전략적으로 진화 활동을 펼칠 수 있었고, 추

[사진 74] 산불을 모니터링하는 드론.

가 피해를 줄이는 데 기여했어요. 이 사례는 드론이 위험한 재난 현장에서 인간의 눈과 귀가 되어주는 기술이라는 점을 잘 보여줍니다.

방글라데시 홍수 대응

매년 큰 홍수 피해가 반복되는 방글라데시에서는 드론이 중요한 재난 대응 도구로 사용되고 있어요. 드론은 강과 저지대의 수위 변화를 장기적으로 관찰하며, 침수 위험 지역을 미리 파악합니다.

[사진 75] 방글라데시 홍수를 드론으로 촬영한 사진.

이를 바탕으로 주민 대피 경로를 미리 확보하고, 안전한 대피소 위치도 설정할 수 있어요. 또 드론이 촬영한 영상은 방송이나 온라인으로 실시간 공유되어, 주민들이 상황을 정확히 이해하고 빠르게 대응할 수 있도록 돕고 있습니다.

[드론이 가져오는 구호 방식의 변화]

드론이 빠르게 현장에 도착해요

재난이 생기면 가장 중요한 건 속도예요. 누가 어디에 갇혔는지 빨리 알아야 구조도 빠르거든요. 드론은 자동차처럼 길을 찾을 필요가 없어요. 하늘로 곧장 날아가죠. 게다가 헬리콥터보다 작고 싸고, 더 쉽게 날릴 수 있어요. 가령 네팔 지진 때, 사람들이 접근 못 하는 곳에 드론이 들어가서 붕괴된 건물 사진과 영상을 찍었어요. 그걸 본 구조대원들이 어디로 가야 할지 판단할 수 있었죠.

드론은 아주 꼼꼼한 '눈'을 가지고 있어요

드론들, 그냥 날기만 하는 게 아니에요. 어떤 건 열 감지 센서를 달고 있어서, 사람의 체온을 감지할 수 있어요. "어? 저쪽에 누군가 있는 것 같아!" 이렇게 알려주는 거예요. 게다가 요즘 드론은 3D 지도도 만들고, 침수된 지역의 넓이도 계산하고, 무너진 건물의 상태도 확인할 수 있대요. 전부 컴퓨터처럼 데이터를 모아서 구조 계획을 세우는 데 도움을 주는 거죠.

위험한 곳엔 누가 먼저 갈까요? 바로 드론이에요!

재난 현장은 정말 위험해요. 무너진 건물, 불길, 독성 가스…. 사람이 들어가긴 너무 위험하죠. 그런데 이런 상황에서 먼저 들어가 보는 **'용감한 존재'**가 있어요. 누구냐고요? 드론이에요! 드론은 사람이 못 가는 곳에도 날아가요. 그리고 카메라랑 센서를 이용해서 주변을 탐색하죠.

덕분에 구조대원들은 그 정보로 어디가 안전한지, 어디부터 구조해야 할지 판단할 수 있어요. 이건 단순히 빠르기만 한 게 아니라, 사람을 보호하는 데도 큰 역할을 하는 거죠.

드론이 '말을 못 해도' 정보를 보낼 수 있는 이유?

"이렇게 날아간 드론은 구조대랑 어떻게 소통하나요?" 보통은 드론이 실시간으로 영상을 보내거나, 센서 데이터를 전송해요. 그런데 문제는….

재난 상황에선 통신망이 끊기는 경우가 많다는 거예요. 그래서 요즘은 드론이 위성 통신이나 임시 무선 네트워크를 사용할 수 있도록 기술이 발전 중이에요. 전기가 끊겨도, 기지국이 무너져도, 하늘 위 드론이 구조대의 눈이 돼주는 거죠.

드론을 아무나 조종할 수 있을까요?

그럴 것 같지만, 절대 아니에요. 정밀 조종은 물론이고, 드론이 찍어온 영상을 분석하거나 데이터를 해석할 줄도 알아야 해요. 그래서 요즘은 드론 조종사뿐 아니라, 데이터 해석 전문가도 함께 필요한 시대가 되고 있어요. 앞으로는 소방관, 응급구조사처럼 '드론 구조 전문가'가 따로 생길지도 몰라요. 또, 드론 기술자와 구조대가 한 팀처럼 움직이는 시대가 올 거예요.

드론은 단순한 기계가 아니에요

드론은 빠르게 날고, 정확하게 데이터를 보내고, 위험한 곳도 두려워하지 않아요. 그래서 점점 더 많은 사람들이 "드론은 구조대의 작은 파트너다"라고 말하죠. 무엇보다 중요한 건, 드론 덕분에 사람들이 더 안전하게 구조 작업을 할 수 있다는 점이에요. 단순히 빠르고 편한 게 아니라, 생명을 살리는 도구가 되는 거죠. 미래에는 드론이 재난 대응의 필수 장비가 될 거예요. 사람과 드론이 함께 협력해서 더 많은 생명을 구하고, 더 빠르게 위기를 극복하는 모습. 정말 멋지지 않나요?

지속 가능한 사회를 위한 드론 기술

드론은 우리 삶을 바꾸는 작은 날개예요. 드론은 예전처럼 "특수한 기술"이라고 불리던 시대를 지나, 이제는 우리 삶 속에 자연스럽게 스며든 존재가 되었어요. 처음엔 군사 목적으로 개발되었지만, 지금은 택배를 배달하고, 숲을 지키고, 농사를 돕고, 심지어 공연 무대에서도 멋진 장면을 연출하죠. 참 많이 변했죠? 그럼, 드론은 앞으로 어디까지 쓰일 수 있을까요? 단순히 "'편리한 기계'를 넘어서, 우리가 더 건강하고 지속 가능한 사회로 가기 위해 꼭 필요한 도구가 될 수 있어요.

드론은 기술의 중심이 아니라, 삶의 중심으로 발전해야 해요. 멋진 성능을 보여주는 데 초점을 맞췄다면, 이제는 조금 달라졌어요. "이 기술이 사람들에게 진짜 도움이 될까?", "자연을 지키는 데 쓸 수 있을까?" 같은 질문들이 중요해졌죠. 그리고 드론은 이런 질문에 꽤 멋지게 대답하고 있어요. 산불이 나면 드론이 연기 속을 먼저 탐색해서 소방대원이 안전하게 진입할 수 있어요. 농촌에서는 드론이 농약을 뿌리거나, 작물이 잘 자라고 있는지 관찰하기도 해요. 태양광 패널이나 풍력 발전기 상태를 점검해서 친환경 에너지를 더 효율적으로 사용할 수 있도록 돕기도 하죠. 그냥 기술이 아니라, 사람과 자연을 연결해 주는 다리 역할을 하는 거예요.

드론은 미래 사회의 풍경을 바꿔요. "이제는 하늘도 도로가 된다면?" 예전엔 누가 하늘을 날 수 있었을까요? 새? 비행기? 아니면 꿈에서나 나오는 마법의 양탄자? 그런데 요즘은 아주 작고 조용한 기계들이 하늘을 누비고 있어요. 맞아요, 드론이요. 이제 드론은 단순히 "날아다니는 장난감"이 아니에요. 우리 사회의 풍경을 바꾸는 주인공이 되고 있답니다.

하늘 위 도로, 이제 상상만이 아니에요. 한 번 상상해 보세요. 아침에 눈을 떴더니, 창밖 하늘을 작은 드론들이 지나가고 있어요. 어떤 건 뜨거운 커피를 배달하고, 어떤 건 병원에서 보낸 응급약을 들고 전속력으로 날아가고 있어요. 또 어떤 드론은 붐비는 도로 위를 찌으면서 교통 흐름을 조절하는 역할을 하고 있죠.

예전엔 이런 게 영화 속 이야기처럼 들렸을지 몰라도, 지금은 실제로 준비되고 있는 도시의 모습이에요. 하늘을 활용하는 도시, 입체적인 도시가 만들어지고 있는 거예요.

하늘도 '공간'입니다. 지금까지는 도로나 인도가 도시의 중심이었죠. 그런데 드론이 등장하면서 도시 설계에서 하늘을 어떻게 쓸지도 중요해졌어요. 가령, 이런 변화들이 생겨나요, 하늘에 드론 전용 고속도로를 만들고, 충돌을 피하기 위한 공중 신호등을 설치하고, 드론들이 착륙하고 충전할 수 있는 '드론 정류장'도 생기게 될 거예요. 하늘을 쓰는 법이 정해지지 않으면 너무 위험하잖아요. 그래서 앞으로는 도시 건축가나 정책 담당자들이 땅 위뿐 아니라 하늘 위의 질서도 함께 고민해야 해요.

드론으로 인해 새로운 직업들이 생겨납니다. "드론으로 할 수 있는 일이 뭐가 있을까요?"

촬영? 그게 전부일까요?

아니에요. 드론은 하늘을 나는 기술일 뿐만 아니라, 미래의 일자리와 진로와도 깊이 연결된 도구예요.

예를 들면, 드론 조종사, 정비사, 촬영 전문가, 데이터 분석가, 활용 기획자 등 정말 다양한 분야가 있어요.

요즘 학교에서도 드론을 활용한 수업이 많아졌어요. 코딩, 환경 조사, 영상 제작, 예술 활동까지 드론은 **'기술'**과 **'미래 진로'**를 자연스럽게 이어주는 **다리**예요.

내 관심사와 드론이 만난다면?

디자인에 관심 있다면? → 드론 외형 설계!

환경 보호가 좋다면? → 생태 조사 드론 활용!

코딩을 좋아한다면? → 드론 AI 개발!

드론은 단지 기계가 아니라, 여러분의 꿈과 연결될 수 있는 멋진 도구랍니다.

드론은 그냥 하늘을 나는 기계가 아니에요. 예술가의 상상을 공중에 띄우고, 건축가의 아이디어를 위에서 내려다보고, 환경을 지키는 눈이 되기도 하죠. 이제 기술은 도구를 넘어서, 사람의 창의력을 더 멀리 데려다주는 파트너가 되었어요.

미래 시민, 어떤 모습일까요? 앞으로는 드론이 우리 생활 곳곳에 들어올 거예요. 그렇다면 우리는 단순히 '드론을 잘 쓰는 사람'이 되어야 할까요?

아니에요. "왜, 어떻게 써야 하는가?"를 생각할 줄 아는 시민이 더 중요하죠. 드론이 감시, 수집, 자율 비행 같은 능력을 갖게 되면 윤리, 책임, 사회적 합의도 함께 생각해야 해요.

결국 중요한 건? 기술을 이해하고, 그걸 현명하게 선택하는 힘입니다. 그게 바로 미래 시민의 모습이에요.

기술과 함께 자라는 우리 청소년들은 드론을 직접 조종하고, 만들고, 문제를 해결하는 경험을 하게 돼요. 그 과정에서 공간 감각, 협업, 창의력 같은 중요한 능력도 함께 자라죠. 단순히 '하늘을 나는 기계'가 아니라, 미래를 배우는 교실이 하늘 위로 올라간 셈이에요. 드론은 이제 미래 세대의 새로운 연필과 공책이 될지도 몰라요.

드론의 비전: 청소년이 열어갈 혁신적인 세상

드론, 이제는 더 이상 특별한 사람들만 다루는 복잡한 기술이 아니에요. 우리가 알게 모르게 사용하는 택배, 농업, 영화 촬영, 재난 구조, 심지어 예술 작품 속까지 하늘을 나는 이 작은 기계는 이미 우리 생활 곳곳에 스며들고 있죠.

예전엔 드론 하면 군사나 과학자의 전유물처럼 느껴졌지만, 지금은 청소년 여러분도 충분히 배우고 활용할 수 있는 기술이에요.

앞으로의 세상은 단순히 기술이 많다고 좋은 게 아니라 사람과 기술이 서로 잘 어울려 살아가는 세상이어야 해요. 그런 점에서 드론은 우리에게 새로운 도전과 기회를 동시에 주는 존재예요.

이제 중요한 건 바로 누가 이 기술을 어떻게 쓰느냐죠. 청소년 여러분이 상상력과 책임감 있게 드론을 다룬다면, 앞으로 더 공정하고, 더 창의적이고, 더 지속 가능한 세상이 만들어질 거예요. 그리고 그 변화, 여러분이 시작할 수 있어요. 기술과 함께 자라는 세대, 바로 우리예요.

여러분은 알고 있나요? 앞으로의 세대는 드론 같은 기술과 함께 태어나고, 배우고, 자라게 될 세대라는 사실을요.

예전에는 드론을 조종한다는 게 전문가나 군인의 일처럼 느껴졌지만, 이제는 초등학생, 중학생, 고등학생 누구나 드론을 조립하고, 직접 날려보며 새로운 경험을 쌓을 수 있어요.

그냥 장난감 같다고요? 절대 그렇지 않아요. 드론을 설계하거나 조종하다 보면, 어디로 날릴지, 어떻게 움직일지, 장애물을 어떻게 피할지 수많은 문제를 스스로 해결하게 되죠.

이 과정에서 여러분은 문제 해결력, 공간 감각, 협업 능력 같은 중요한 역량을 키우게 돼요.

이게 바로 21세기형 미래 역량이에요!

결국 드론은 단순히 하늘을 나는 기계가 아니에요. 여러분이 미래를 그려볼 수 있게 도와주는 **'날아다니는 교과서'**일지도 몰라요.

어때요, 드론이 좀 더 흥미롭게 느껴지지 않나요? 드론은 인간을 대체하는 게 아니에요. 오히려 우리가 더 넓은 세상을 보고, 더 빠르게 행동하고, 더 깊이 이해할 수 있게 돕는 '날아다니는 손과 눈' 같은 존재예요.

우리가 드론을 어떻게 사용하고, 어디에 쓰느냐에 따라 앞으로의 세상은 아주 많이 달라질 수 있어요. 기술이 멋진 세상을 만들 수 있는 건, 그걸 다루는 사람이 멋질 때 가능하거든요. 그 사람이 바로, 여러분일 수 있어요.

"상상은 곧 발명이 된다"는 말, 들어본 적 있나요? 사실, 지금 우리가 당연하게 누리는 기술들인 인터넷, 스마트폰, 드론이 다 어디서 시작됐을까요?

정답은 누군가의 호기심과 상상력이에요. 그리고 그 '누군가'는 종종 바로 청소년이었어요.

왜 청소년의 상상력이 중요할까요? 이전 세대보다 지금 세대는 훨씬 더 빠르게 기술을 배우고, 쉽게 실험하고, 자유롭게 연결할 수 있어요.

유튜브에서 드론 프로그래밍을 배우고, 3D 프린터로 직접 부품을 만들고, 친구들과 온라인에서 팀을 꾸려 프로젝트를 만들기도 하죠. 누구나 발명가가 될 수 있는 시대에 살고 있는 거예요.

도전할 기회가 넘치는 시대에요. 드론을 활용한 경진대회나 미션 수행 프로젝트도 많아졌어요. 미로를 빠져나가게 만들기, 물건을 정확한 위치에 내려놓기, 심지어 응급 상황을 시뮬레이션하는 과제까지!

이런 활동을 하다 보면 자연스럽게 문제 해결력, 팀워크, 그리고 새로운 걸 만드는 힘, 그야말로 창의력이 쑥쑥 자라게 돼요.

드론 기술은 단순히 조종 기술에 그치지 않고, 다양한 학문과 결합하여 새로운 학습의 기회를 제공합니다. 가령, 환경 모니터링 프로젝트를 통해 생태학과 기술을 접목하거나, 드론을 이용한 영상 촬영으로 예술과 공학을 동시에 배울 수 있습니다.

청소년들은 드론을 통해 과학, 기술, 예술, 수학의 경계를 넘나들며 융합적 사고를 키워갑니다.

드론을 단순히 날리는 걸로 끝내지 않고, "이걸로 내가 뭘 해볼 수 있을까?" 이렇게 생각해 본 적 있나요?

요즘 청소년들은 드론을 활용해서 진짜 프로젝트를 만들고 있어요. 가령, 우리 마을의 전경을 드론으로 찍고 지도로 만들어 보기도 하고, 공원 주변의 환경 변화를 시간대별로 관찰해서 기록하기도 해요.

단순한 체험이 아니라, "내가 직접 설계하고, 해낸 일"이 되니까 성취감이 꽤 커요. 그리고 이런 경험이 진짜 진로 탐색으로 이어지기도 하죠.

요즘 청소년들, 그냥 드론을 '날리기만' 하는 게 아니에요. "이걸로 뭘 더 해볼 수 있을까?"

이런 생각으로 진짜 꿈을 만들어 가고 있어요. 어떤 친구는 구조 상황을 시뮬레이션해서 사람을 구하는 드론을 만들고, 또 어떤 친구는 코딩으로 스스로 장애물을 피하는 드론을 설계하죠. "이게 가능해?" 싶었던 걸 실제로 해내기도 해요.

세계 곳곳에서는 매년 다양한 청소년 드론 대회가 열리고 있어요. 단순히 '누가 더 잘 날리나'를 겨루는 게 아니라, 상상력과 기술력, 문제 해결 능력까지 총출동해야 하는 도전이죠.

가령, 장애물을 스스로 피해 가는 경주 드론, 재난 구조 상황을 시뮬레이션하는 응용 드론 미션 같은 과제를 해결하는 대회들이 있어요.

이런 대회에 참가한 친구들은 단순한 조종 실력을 넘어서 직접 드론을 설계하고 프로그래밍하고, 미션을 해결하는 과정을 통해 자신의 창의력과 팀워크, 기술적 감각을 쑥쑥 키워나갑니다. "이건 진짜 내가 만든 작품이야!" 그 성취감, 말로 다 못 하죠.

드론은 단순히 재미있는 장난감일까요? 아니죠! 요즘 청소년들은 드론을 사회 문제 해결에 활용하고 있어요.

가령, 홍수로 피해 입은 마을을 드론으로 찍어 피해 정도를 한눈에 파악하거나, 미세먼지를 측정하는 드론을 직접 만들고 날려서 대기 오염 상태를 분석하기도 해요.

이런 활동을 통해 친구들은 환경 보호, 도시 안전, 재난 대응 같은 진짜 사회 문제에 자신만의 방식으로 참여하고 있어요.

때로는 어른들도 생각하지 못했던 기발한 아이디어로, 세상을 바꾸는 계기를 만들어 내기도 하죠.

"드론으로 세상을 바꿀 수 있다면?" 이 질문에 "할 수 있어요!"라고 답하는 멋진 청소년들이 점점 늘고 있습니다.

요즘 청소년들은 단순히 드론을 '조종'하는 데서 그치지 않아요. 새로운 아이디어를 직접 설계하고, 기술을 개발하는 주인공으로 자라나고 있죠.

가령, 더 가볍고 빠른 드론을 만들기 위해 새로운 재료를 시도하거나, 드론에 AI 기술을 접목해서 스스로 비행하게 만들기도 해요. 또, 드론과 사물인터넷(IoT)을 결합해 집 앞에 물건을 가져다주는 스마트한 서비스를 구상하는 친구들도 있어요.

이처럼 청소년들의 실험 정신은 드론 기술의 한계를 넓히고, 미래 기술의 판을 바꾸는 역할까지 하고 있답니다.

기술을 배우는 걸 넘어서, 세상을 새롭게 봅니다. 드론을 배우는 건 단지 기술만 익히는 게 아니에요. 하늘에서 내려다보는 넓은 시야, 문제를 해결하는 창의적인 시선, 그리고 세상을 조금 더 좋게 만들고 싶은 마음도 함께 키우게 되죠.

지금 청소년들이 만든 작은 프로젝트 하나하나가, 앞으로 세상을 바꾸는 커다란 시작점이 될지도 몰라요.

드론으로 뭔가를 만들어 보고, 직접 날려보는 과정은 단순한 놀이가 아니에요. "어떻게 하면 더 잘 될까?"를 고민하는 순간부터, 문제 해결 능력과 창의력이 자라나기 시작하거든요.

처음엔 잘 안될 수도 있어요. 드론이 엉뚱한 방향으로 날아가거나, 떨어져서 고장 날 수도 있죠. 하지만 그런 실패 속에서 끈기와 협동심도 함께 배우게 됩니다.

그리고 결국, 스스로 해냈다는 경험은 "나는 무엇이든 만들어

낼 수 있어!" 하는 자신감을 심어줘요.

이렇게 쌓인 경험은 언젠가 더 나은 세상을 만들기 위한 첫걸음이 될 수 있어요. 작은 드론 한 대에서 시작된 상상이, 미래의 사회를 바꾸는 진짜 해결책으로 이어질지도 모르죠.

드론은 청소년들에게 단순한 기계가 아니에요. "어떤 걸 해볼까?", "이걸로 뭘 바꿔볼 수 있을까?" 이런 질문을 던지게 만드는, 창의력과 책임감을 동시에 키우는 놀이터이자 실험실이죠.

드론을 통해 무언가를 설계하고 직접 시도해 보는 과정은 단지 기술을 배우는 걸 넘어서, '미래를 스스로 만들어 가는 경험'으로 이어집니다.

아직은 작아 보이는 그들의 아이디어가 앞으로 우리가 상상하지 못했던 새로운 기술, 그리고 더 나은 세상을 여는 열쇠가 될지도 모릅니다.

청소년들이 꿈꾸고, 도전하고, 만들어 가는 드론 프로젝트는 앞으로도 계속될 거예요. 그들의 상상력은, 미래 기술 발전의 가장 든든한 엔진이니까요.

부록

드론 자격증

드론은 하늘을 나는 멋진 기계예요. 하지만 단순한 장난감이 아니라 **"하늘 위를 나는 항공기"**이기 때문에 아무나 마음대로 조종할 수는 없어요. 그래서 우리나라에는 드론을 안전하게 다루기 위해 만든 공식 자격증 제도가 있답니다. 이 자격증을 가지고 있어야, 하늘에서 드론을 자유롭고 안전하게 조종할 수 있어요.

드론 자격증의 이름과 종류

O

우리나라에서 드론 자격증의 정식 이름은 **'초경량비행장치 조종자 자격증'**이에요. 조금 길고 어려운 이름이지만, 쉽게 말하면 **"드론 운전면허증"**이라고 생각하면 돼요! 이 자격증은 드론의 크기와 무게에 따라 1종부터 4종까지 나누어져 있어요. 특히 4종 자격증은 학생도 쉽게 도전할 수 있어서 드론을 배우기 시작하는 친구들에게 딱 좋은 첫걸음이에요.

종류	조종할 수 있는 드론	설명
1종	25kg보다 무거운 드론	대형 산업용 드론 조종 가능! 전문가용.
2종	7kg~25kg 드론	측량이나 촬영 같은 중형 드론을 조종할 수 있음.
3종	2kg~7kg 드론	교육용, 연구용으로 많이 쓰임.
4종	2kg 이하 드론	취미용, 교육용으로 학생들도 도전 가능.

드론 자격증을 따는 방법

○

드론 자격증을 따려면 몇 가지 단계를 거쳐야 해요. 하지만 걱정하지 않아도 돼요! 차근차근 배우면 누구나 취득할 수 있답니다.

1단계 _ 드론 공부하기(학과 교육)

드론이 어떻게 날아가는지, 안전하게 조종하려면 무엇을 지켜야 하는지 배워요. 이것은 '**드론의 원리와 규칙**'을 이해하는 과정이에요.

2단계 _ 직접 조종해 보기(비행 실습)

이제 실제로 드론을 날려보는 연습이에요. **이륙, 착륙, 방향 전환, 제자리 비행** 같은 기본 조종을 배웁니다.

3단계 _ 시험 보기(필기와 실기)

필기시험에서는 드론 원리와 비행 규칙을 묻는 문제가 나오고, 실기시험에서는 직접 드론을 조종하면서 평가를 받아요.

모든 과정을 통과하면 국토교통부에서 발급하는 공식 자격증을 받을 수 있어요. 이제 진짜 '드론 조종사'가 되는 거예요!

드론 자격증은 왜 필요할까?

○

"드론은 그냥 취미로만 날리면 되는 거 아닌가요?"

그렇게 생각할 수도 있지만, 자격증을 따면 훨씬 더 멋진 일들이 가능해져요!

첫째, 안전하게 비행할 수 있어요. 드론이 하늘을 날 때는 사람이나 건물 위를 지나가기도 해요. 자격증을 따면 '안전 비행법'을 배워서 사고를 예방할 수 있지요.

둘째, 법적으로 꼭 필요할 때가 많아요. 2kg이 넘는 드론은 자격증이 없으면 함부로 날릴 수 없어요. 자격증이 있으면 어디서든 당당하게 비행할 수 있어요.

셋째, 미래에 도움이 돼요. 드론 촬영, 농업 방제, 택배, 구조 활동 등 드론을 사용하는 직업이 점점 많아지고 있어요. 지금 자격증을 따두면 나중에 진로에도 큰 도움이 될 거예요.

넷째, 스스로 조종하는 즐거움이 커요! 자격증을 준비하면서 직접 비행하고, 성공했을 때 느끼는 뿌듯함은 마치 진짜 조종사가 된 기분이에요.

드론 날리기 규칙

드론을 날리고 촬영하기 위한 허가

○

드론 자격증을 땄다고 해서 언제 어디서든 바로 하늘로 띄울 수 있는 건 아니에요. 드론은 하늘을 나는 '작은 비행기'이기 때문에, 비행할 수 있는 장소와 촬영할 수 있는 구역에는 규칙이 있어요. 이 규칙을 잘 지키면 안전하게 드론을 날릴 수 있고, 아름다운 하늘 사진이나 영상을 마음껏 찍을 수도 있답니다.

그런데 드론은 하늘을 날기 때문에, 비행기나 헬리콥터가 다니는 항로와 겹칠 수도 있어요. 또 사람이 많이 모인 곳에서 드론을 날리면 혹시라도 떨어져 다칠 위험이 생길 수 있지요. 그래서 우리나라에서는 안전한 하늘 사용을 위해 **'드론 비행 허가제도'**를 운영하고 있어요. 쉽게 말하면, "이곳에서 이 시간에 드론을 날려도 괜찮아요!"라고 허락을 받는 절차예요.

혹시 "그냥 잠깐만 날리면 괜찮지 않을까?" 이런 생각 하기 쉬운데요, 이는 아주 위험해요. 그 이유를 볼까요.

첫째, 하늘도 '공유 공간'이에요. 드론은 작은 비행기와 같아서 비행기가 지나가는 항로를 방해하면 큰 사고가 날 수 있어요.

둘째, 사람들의 안전을 지켜야 해요. 드론이 갑자기 고장 나서 떨어진다면 사람이나 물건이 다칠 수도 있겠지요. 허가를 받으면 이런 위험을 미리 점검할 수 있어요.

셋째, 법적으로 보호받을 수 있어요. 허가 없이 비행하면 벌금을 내야 할 수도 있지만, 허가를 받고 비행하면 합법적이고 안전하게 촬영할 수 있어요.

드론을 날리기 전에 확인할 3가지 허가

○

- **비행 승인**(하늘을 나는 허가)

드론을 띄울 때 가장 먼저 필요한 허가예요. 비행 금지 구역(공항 근처, 군사시설 주변 등)이나 비행 제한 구역에서는 국토교통부의 승인을 받아야만 비행할 수 있어요. 이건 마치 "이 하늘을 잠시 빌려도 될까요?" 하고 허락받는 거예요.

- **촬영 허가**(하늘에서 사진이나 영상 찍기)

드론에 카메라가 달려 있다면, 촬영에도 규칙이 있어요. 사람이 많이 모인 곳이나 건물, 군사시설 등을 허가 없이 찍으면 법에 걸릴 수 있답니다. 촬영 목적이 있다면 촬영 지역의 지자체나 관련 기관의 허가를 꼭 받아야 해요.

- **야간 비행 또는 시야 밖 비행 허가**

밤에 불빛을 켜고 날리거나, 조종자가 눈으로 보이지 않는 곳까지 보내고 싶을 때는 추가 허가가 필요해요. 이건 항공안전법상 특별 비행 승인이라고 불러요. 모든 비행이 다 가능한 게 아니라, '안전하게 준비된 사람만' 허가를 받을 수 있답니다.

드론 비행 허가 받는 방법

○

드론 비행 허가는 '**드론원스톱**(Drone One-Stop)' 이라는 국토교통부 공식 홈페이지에서 신청할 수 있어요. (https://drone.onestop.go.kr)

허가 신청 절차

1. 회원가입 후 로그인

    - 조종자(자격증 보유자) 정보 등록

2. 비행 구역 설정하기

    - 지도를 이용해 드론을 날릴 지역과 시간을 선택

3. 비행 승인 신청

    - 이유와 목적(촬영, 연습, 점검 등)을 입력

4. 심사 후 승인

    - 안전에 문제가 없으면 허가가 내려와요!

드론 관련 법규와 법을 어겼을 때의 처벌

○

드론을 날릴 때는 꼭 지켜야 하는 법과 규칙이 있어요. 드론은 작고 장난감처럼 보이지만, 실제로는 하늘을 나는 항공기로 분류돼요. 그래서 자동차가 도로교통법을 지키는 것처럼, 드론도 하늘에서 항공안전법을 따라야 한답니다.

이 법은 드론이 사람에게 다치게 하거나, 다른 항공기와 부딪히는 사고를 막기 위해 만들어진 거예요. 즉, 모두가 안전하게 하늘을 사용할 수 있도록 지켜야 하는 약속이에요.

드론과 관련된 주요 법규

드론과 관련된 법은 여러 가지가 있지만, 가장 중요한 것은 '**항공안전법**'이에요. 이 법은 드론의 비행, 촬영, 자격증, 등록, 그리고 사고가 났을 때의 책임까지 모두 다루고 있지요.

그 외에도 상황에 따라 적용되는 법이 있어요. 즉, 드론을 조종할 때는 하늘뿐 아니라 땅 위의 사람과 공간도 함께 생각해야 한다는 거예요.

법 이름	내용
항공안전법	드론 비행, 비행 허가, 안전수칙 등 비행 전반의 규칙
개인정보보호법	허락 없이 사람이나 개인 공간을 촬영하면 위반
군사기지 및 군사시설 보호법	군사시설 근처 비행 금지
통신비밀보호법	감청 장비나 몰래카메라형 드론 사용 금지
전파법	드론 조종기(송수신기)의 전파 사용 관련 규정

법을 어겼을 때의 처벌

드론을 허가 없이 날리거나, 위험하게 조종하거나, 남의 사생활을 촬영하면 벌금이나 형사 처벌을 받을 수 있어요. 아래는 대표적인 위반 예시와 벌칙들이에요.

위반 내용	처벌 내용
비행금지구역에서 허가 없이 비행	1년 이하 징역 또는 1천만 원 이하 벌금
야간 비행, 시야 밖 비행을 허가 없이 진행	500만 원 이하 과태료
사람이나 차량 위에서 위험하게 비행	500만 원 이하 과태료
타인의 얼굴이나 집을 무단 촬영	개인정보보호법 위반 → 5년 이하 징역 또는 5천만 원 이하 벌금
군사시설·공항 근처 비행	국가보안 관련 법 위반 → 최대 징역형 가능
드론 등록 의무(250g 이상)를 지키지 않음	과태료 50만 원 이하

이런 벌칙은 단순히 "처벌하기 위해서"가 아니라, 사고를 막고 안전한 비행 문화를 만들기 위해 존재한답니다.

법을 지키기 위한
올바른 드론 사용 습관

드론을 잘 조종하는 것만큼 중요한 건 "법을 지키는 자세".

안전하고 멋지게 드론을 날리기 위해선 다음 세 가지를 꼭 기억

할 것.

1. 비행 전, 반드시 허가와 구역 확인!

　– "이곳은 비행해도 괜찮을까?"를 먼저 생각하기

2. 사람이 많은 곳에서는 절대 비행하지 않기

　– 머리 위, 도로 위, 건물 근처는 모두 위험 지역이에요

3. 남의 집이나 얼굴은 마음대로 찍지 않기

　 - 사진이나 영상에는 다른 사람의 '개인 정보'가 들어있어요

이 세 가지만 지켜도 당신은 이미 "안전하고 책임감 있는 드론 조종자"가 된 거예요.

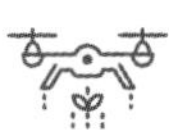

| 사진 출처 |

사진 1(p. 16)   그림 작가_노상재   사진 22(p. 52)   그림 작가_노상재
사진 2(p. 17)   AI 이미지 생성   사진 23(p. 53)   그림 작가_노상재
사진 3(p. 18)   위키피디아   사진 24(p. 54)   그림 작가_노상재
사진 4(p. 21)   위키피디아   사진 25(p. 57)   그림 작가_노상재
사진 5(p. 22)   위키피디아   사진 26(p. 58)   그림 작가_노상재
사진 6(p. 24)   위키피디아   사진 27(p. 60)   AI 이미지 생성
사진 7(p. 28)   그림 작가_노상재   사진 28(p. 65)   AI 이미지 생성
사진 8(p. 30)   그림 작가_노상재   사진 29(p. 70)   그림 작가_노상재
사진 9(p. 31)   그림 작가_노상재   사진 30(p. 72)   그림 작가_노상재
사진 10(p. 31) 그림 작가_노상재   사진 31(p. 73)   그림 작가_노상재
사진 11(p. 34) AI 이미지 생성   사진 32(p. 84)   그림 작가_노상재
사진 12(p. 35) 그림 작가_노상재   사진 33(p. 85)   그림 작가_노상재
사진 13(p. 37) 그림 작가_노상재   사진 34(p. 86)   AI 이미지 생성
사진 14(p. 38) 그림 작가_노상재   사진 35(p. 88)   그림 작가_노상재
사진 15(p. 39) AI 이미지 생성   사진 36(p. 89)   그림 작가_노상재
사진 16(p. 41) AI 이미지 생성   사진 37(p. 91)   네팔 관광국
사진 17(p. 42) 그림 작가_노상재   사진 38(p. 93)   Swiss Air-Rescue REGA
사진 18(p. 43) AI 이미지 생성   사진 39(p. 94)   일본 농림수산성
사진 19(p. 46) 그림 작가_노상재   사진 40(p. 97)   Zipline
사진 20(p. 47) 그림 작가_노상재   사진 41(p. 99)   AI 이미지 생성
사진 21(p. 50) 그림 작가_노상재   사진 42(p. 101) Intel

사진 43(p. 104)　AI 이미지 생성

사진 44(p. 105)　Easy Aerial

사진 45(p. 107)　Dolce&Gabbana

사진 46(p. 109)　Laguna Niguel, CA, USA

사진 47(p. 113)　위키피디아

사진 48(p. 115)　Qinetiq

사진 49(p. 116)　Nationalinterest

사진 50(p. 118)　AI 이미지 생성

사진 51(p. 123)　그림 작가_노상재

사진 52(p. 126)　AI 이미지 생성

사진 53(p. 131)　AI 이미지 생성

사진 54(p. 133)　그림 작가_노상재

사진 55(p. 136)　그림 작가_노상재

사진 56(p. 140)　그림 작가_노상재

사진 57(p. 143)　나무위키

사진 58(p. 145)　Iran Aircraft Manufacturing
　　　　　　　　　 Industrial Company(HESA)

사진 59(p. 152)　위키피디아

사진 60(p. 160)　AI 이미지 생성

사진 61(p. 162)　AI 이미지 생성

사진 62(p. 165)　그림 작가_노상재

사진 63(p. 166)　Easy Aerial

사진 64(p. 167)　studiodrift

사진 65(p. 169)　AI 이미지 생성

사진 66(p. 171)　그림 작가_노상재

사진 67(p. 172)　그림 작가_노상재

사진 68(p. 182)　AI 이미지 생성

사진 69(p. 185)　유럽 우주국(ESA)

사진 70(p. 195)　미국 항공우주국(NASA)

사진 71(p. 198)　Easy Aerial

사진 72(p. 199)　AI 이미지 생성

사진 73(p. 204)　유엔인도주의업무조정국
　　　　　　　　　 (UNOCHA)

사진 74(p. 205)　Air Seed Technologies

사진 75(p. 206)　연합뉴스

처음 만나는 드론 인문학

미래를 여는 꿈·과학·예술의 비행체

초판 1쇄 발행 2025년 11월 25일

글 조장현 | **그림** 노상재
총괄진행 김민호 | **편집** 만만필 | **디자인** 이선영
종이 다올페이퍼 | **제작** 명지북프린팅

펴낸곳 초봄책방
출판등록 제2022-000040호
주소 경기도 파주시 가온로 205, 717-703
전화 070-8860-0824 | **팩스** 031-624-8894
이메일 chobombooks@hanmail.net
인스타그램 @paperback_chobom

© 조장현, 2025
ISBN 979-11-94847-03-8 (03550)